# Nie mehr Schnecken !

## 55 todsichere Tipps

**ROBERT SULZBERGER**

blv

# Was Sie in diesem Buch finden

# Immer Ärger mit den Schnecken

Zu Tausenden kriechen sie des Nachts heran, lautlos, jede auf großem Fuße, und lehren den Gärtner das Fürchten. Das befällt ihn dann am Morgen nach einer feuchtwarmen Nacht, beim Anblick seiner zarten Pflanzenschützlinge: Größere Blätter zeigen Schleimspuren und Fraßstellen, die schnell auch von Fäulnisorganismen befallen werden und sich so nur noch für den Kompost eignen. Von jüngeren Pflänzchen sind lediglich Gerippe übrig. In manchen Aussaatreihen dagegen ist auf den ersten Blick kein Schaden erkennbar: Es herrscht schlicht gähnende Leere – die Keimlinge wurden mit flinken Reibezungen ratzekahl abgeraspelt!

In solchen Momenten kann selbst der gelassenste Biogärtner seine Contenance verlieren. Und so beschließt er im stillen Gartenhäuschen, seine grünen Freunde zu rächen, und erklärt den schleimigen Kriechtieren den Krieg. Dabei verstreut er heimlich sogar giftige Körnchen in seinem Garten, die er eigentlich aus Gründen des Umweltschutzes ablehnt, oder zerstückelt gar die weichen Tierkörper eigenhändig mit einer Gartenschere und wird so zum vielfachen Mörder. Und doch scheint es oftmals ein aussichtsloser Kampf zu sein: Aus jedem Gebüsch, aus jedem Schlupfwinkel kriechen nach jedem Regentag, nach jeder taufeuchten Nacht beständig neue hungrige Schnecken, um unbeirrbar Kurs auf unsere sorgfältig gehegten und gepflegten Blumensämlinge und zarten Salatpflänzchen zu nehmen …

# Krieg den Schnecken – oder Harmonie mit der Natur?

Bei einem solchermaßen geschädigten Gärtner wird man mit beschwichtigenden Phrasen auf wenig Verständnis stoßen. Trotzdem sei an dieser Stelle gesagt: Auch Schnecken nehmen in ihrem Ökosystem eine sinnvolle Aufgabe wahr, indem sie organische Abfälle zerkleinern und somit an der Entstehung von Humus mitwirken. Selbst wenn wir ihre Funktion nicht sehen wollen oder können, sollten wir auch die Schnecken als Teil unserer Schöpfung wahrnehmen und entsprechend akzeptieren.

Wenn mehrere Schnecken über einen Salat herfallen, bleibt oft nur noch das Gerippe übrig.

Ein Naturforscher aus der Eifel propagiert in seinen Seminaren die »Kooperation des Menschen mit der Natur«. Seine These ist, dass man das Dasein der Schädlinge akzeptieren sollte und ihr Verhalten in meditativen Gesprächen so beeinflussen kann, dass ein harmonisches Miteinander möglich wird. – Nicht jeder wird mit seinem Verständnis für die Schnecken so weit gehen können oder wollen. Dennoch sollte man selbst in vermeintlicher Notwehrsituation im Auge behalten, dass unkontrollierte Gewaltanwendungen die Atmosphäre vergiften – auch im Garten.

## Umdenken und Vorbeugen

Es genügt heute aber ebenso nicht mehr, sich auf das natürliche Gleichgewicht zu berufen, das lediglich der Gärtner mit seinen unbedachten Eingriffen durcheinandergebracht habe. Dieses Gleichgewicht wurde – was die Bedrohung durch Schnecken betrifft – durch die Einschleppung einer bisher eher im südlicheren Europa heimischen Art gehörig durcheinander gebracht. Und das muss nun der Gärtner ausbaden; Biogärtner noch mehr als andere, denn manche Methoden fördern geradezu die Ansiedlung der Schnecken.

Radikales Umdenken und manchmal auch harsche Maßnahmen lassen sich daher auf den ersten Blick kaum vermeiden. Wenn man aber rasch die schlimmsten Kalamitäten abwenden konnte, empfiehlt es sich, im weiteren Vorgehen vor allem auf vorbeugende und abwehrende Maßnahmen zu setzen. Anregungen dazu finden Sie reichlich hier.

# Gute Schnecken – böse Schnecken

Die Weichtiere (Mollusken) sind nach den Gliederfüßlern der zweitgrößte Stamm des Tierreichs. Innerhalb dieser Gruppe stellen die Schnecken oder Gastropoda (Bauchfüßer) mit über 100 000 Arten, davon über 2 000 Landschnecken in Europa, die größte Klasse. Aus den ursprünglichen Meeresbewohnern, die mithilfe ihrer Kiemen unter Wasser leben können, haben sich zu einem späteren Zeitpunkt die Lungenschnecken (Pulmonata) herausgebildet.

Unter diesen Landschnecken wiederum gibt es einerseits Gehäuseschnecken, die mit wegen ihrer gewundenen, kalkhaltigen Wohnstätten viel Sympathie genießen. Im Garten stellen sie auch nicht allzu viel an – ganz anders als die Nacktschnecken. Dementsprechend dürfen die schleimigen Kriechtiere mit sehr wenig Zuneigung rechnen. Bei ihnen ist das Häuschen nur noch als Rudiment vorhanden

## Aus der Nähe betrachtet

Charakteristisch für die Weichtiere ist die dünne und durchlässige Haut. Die Tiere müssen ständig Feuchtigkeit aufnehmen, damit sie nicht austrocknen.

Hitze und Trockenheit werden nur in geringem Umfang vertragen. Das Schleimsekret, das aus einer Drüse unterhalb

TIPP Manche Hausfrauen setzen auf Salz, das auf den **Flecken** gestreut wird. Man lässt es dann einen Tag lang feucht einweichen und spült es mit kaltem(!) Wasser aus. Andere schwören auf verdünnten Essig. Etwas seltsam, aber durchaus nachvollziehbar klingen Erfolgsberichte, denen zufolge man die betroffenen Stellen mit Cola auf einem Schwamm ausreiben könne. Nach dem Trocknen sollen die Flecken verschwunden sein.

des Kopfes abgesondert wird, dient hauptsächlich zur Fortbewegung. Seine Schutzwirkung hat allerdings Grenzen: Trockene und vor allem saugfähige Unterlagen können nur in beschränktem Umfang überwunden werden.

Zum Leidwesen aller Gärtner, die unvermeidlicherweise irgendwann damit in Kontakt kommen, ist **Schneckenschleim** so gut wie nicht wasserlöslich, wie man an Händen oder Handschuhen immer wieder feststellen muss. Auf der Kleidung sind die glitzernden Spuren besonders unbeliebt, und es ist auch nicht einfach, sie zu entfernen.

### Schneckenorgane

Bei den Landschnecken befinden sich an den Fühlerspitzen kaum erkennbar die Augen, mit denen die Tiere nur schemenhafte Hell-Dunkel-Kontraste sehen können. In der Mundhöhle wird die Nahrung mithilfe der Radula zerkleinert, einer mit Zähnchen besetzten, raspelartig wirkenden Reibezunge.

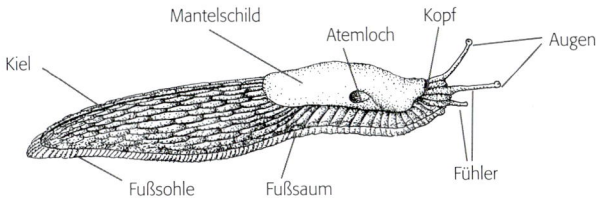

Die wichtigsten Körperteile der Nacktschnecken – wichtig für
Verständnis und Identifizierung der Übeltäter

Das Mantelschild, eine glatte, hervorgehobene Fläche auf der
Oberseite hinter dem Kopf des Tieres, ermöglicht in vielen
Fällen die Bestimmung der Schneckenart. Auf dessen rechter
Seite hat das Atemloch seinen Sitz.

In dem spiraligen, meist rechtsgewundenen Gehäuse befindet sich dauerhaft der Eingeweidesack. Zum Überdauern
kalter oder trockener Perioden, aber auch bei Gefahr zieht
sich die Schnecke in ihr Haus zurück. Bei vielen Arten kann
die Öffnung dann auch noch mit einem Schleimfilm ver-
schlossen werden.

Nacktschnecken sind mangels Gehäuse auf feuchte Schlupfwinkel angewiesen, damit sie nicht auf Dauer austrocknen.
Andererseits fällt es ihnen ohne das Haus leichter, sich in
Erdhöhlen zu verkriechen; selbst graben können sie nicht.
Außerdem finden sie tagsüber Schutz im Moos und an anderen bewachsenen schattigen Stellen, unter lockeren Steinen
und Laub, insbesondere unter Hecken sowie auf dem Kom-

post. Dort erfüllen sie durchaus eine sinnvolle Aufgabe, indem sie die Pflanzenabfälle verzehren und zerkleinern und somit helfen, deren Abbau zu beschleunigen.

Nur etwa ein Dutzend Arten gehören zu den Schadschnecken, die während ihrer meist nächtlichen Aktivitäten pro Tag bis zu 50 Prozent ihres Körpergewichts vertilgen können. In den letzten Jahren hat sich eine Gattung besonders unangenehm bemerkbar gemacht und die Gärtner allerorten zur Verzweiflung gebracht: die Wegschnecken *(Arion)*.

## Das Liebesleben der kleinen Schleimer

Die meisten Schnecken sind Zwitter: sie besitzen beiderlei Geschlechtsorgane. Dadurch produziert jeder Geschlechtspartner nach der Paarung vielköpfigen Nachwuchs.

Die Geschlechtsöffnung befindet sich auf der rechten Seite des Halses, nicht weit hinter den Tentakeln. Wenn sich zwei passende Partner gefunden haben, so beginnt ein leidenschaftliches Liebesspiel, bei dem die Tiere ihre sonstige Vorsicht über Bord werfen und sich auch auf ungeschütztem Terrain hingeben. Sie umkriechen sich in immer enger werdenden Kreisen und berühren sich eine zeitlang vorsichtig, um so ein gemeinsames Bett in Form einer dicken Schleimschicht zu produzieren. Gehäuseschnecken stimulieren sich dabei gegenseitig, indem sie den Partner mit sogenannten Liebespfeilen pieksen; nackte Schnecken haben diese Stimulans offensichtlich nicht nötig.

Beim Geschlechtsakt schmiegen sich die Schnecken aneinander, um ihre Spermiensäckchen auszutauschen. Anschließend werden diese in einem gesonderten Organ gelagert und erst zur Befruchtung freigegeben, wenn die Eier fertig entwickelt sind.

Im Sommer schlüpfen die meist durchscheinenden Jungtiere nach wenigen Wochen aus den Eiern, indem sie sich durch die Schale fressen. Sie ähneln in ihrer Gestalt bereits den ausgewachsenen Schnecken. Die im Herbst abgelegten Eier hingegen überdauern erst einmal den Winter an einer geschützten Stelle. Aus ihnen schlüpfen die Schneckenbabys dann an den ersten milden Frühlingstagen.

## Die bedeutsamsten heimischen Nacktschnecken

Im Englischen werden Nackt- und Gehäuseschnecken durch völlig verschiedene Namen unterschieden: *snails* heißen die Gehäuseschnecken, während die Nacktschnecken als *slugs* bezeichnet werden. Schon rein gefühlsmäßig lässt sich diese sprachliche Trennung leicht nachvollziehen, weil die geringelten Gehäuse vor allem im Umfeld von Kindern zum Spielen, Sammeln und allerlei Fantasiegeschichten animieren, während Nacktschnecken schnell die Reaktion »bäh« hervorrufen. Aber auch für den von Schäden bedrohten Gärtner ist es sinnvoll, die beiden Gruppen streng getrennt zu sehen.

Unsere heimische Rote Wegschnecke war lange Zeit die bedeutendste Schadschnecke in süddeutschen Gärten.

## Große Wegschnecke

Hierbei handelt es sich um eine der größten Nacktschnecken und einen der wichtigsten Schädlinge: Die Große Wegschnecke wird in Einzelfällen bis zu 18 cm lang. *Arion rufus* ist rötlicher gefärbt und häufiger im Süden Mitteleuropas verbreitet. *Arion ater* ist dagegen dunkler, eher grau-bräunlich gefärbt und hauptsächlich in nördlicheren Regionen beheimatet. Das deutlich sichtbare Atemloch sitzt rechts vor der Mitte des Mantelschilds. Der Rücken ist rundlich, ohne Kiel. Sie kommt in allen Arten an Orten mit dichtem, feuchtigkeitsspeicherndem Bewuchs vor: in Wiesen und unter Gehölzen, auf sauren und auf neutralen Böden. Im Garten nutzt sie alle sich bietenden Schlupfwinkel:

**TIPP** Im September ist Paarungszeit. Ab jetzt kann man die Gelege absammeln. Frühestens im Oktober werden die Eier abgelegt, die richtige Zeit nach den Gelegen zu suchen und sie zu vernichten. Ein Gelege besteht aus bis zu 150 Eiern, die Zahl kann jedoch stark schwanken.

Die Mehrzahl der jungen Schnecken schlüpft an einem der ersten warmen Frühlingstage im März/April aus den weißen und mit bloßem Auge gut sichtbaren Eiern. Die weißen Jungtiere sind jetzt noch weniger als 1 cm groß und fressen sich bis Juli zu einem erwachsenen Exemplar heran.

An der Bodenoberfläche nehmen diese Allesfresser sowohl Pflanzen als auch tierisches Aas zu sich. Auf diese Weise sorgen sie häufig selbst dafür, dass am Vortag verblichene Artgenossen am nächsten Morgen nicht mehr zu sehen sind. Lieblingsspeise sind allerdings zarte Jungpflänzchen und welke Pflanzenteile. Dafür legen sie jede Nacht notfalls mehrere Meter Wegstrecke von ihrem Unterschlupf zurück. Älter als ein Jahr wird die Große Wegschnecke nicht.

### Garten-Wegschnecke

Dieser Kulturfolger ist in ganz Europa verbreitet. Die Garten-Wegschnecke *(Arion hortensis)* ist dunkelbraun bis schwärzlich gefärbt, mit etwas helleren Seitenbinden, und an der gelb bis orange gefärbten Sohle eindeutig zu identifizieren. Die

**TIPP** Im Herbst kommen die Tiere immer häufiger an die Bodenoberfläche, um Pflanzenabfälle zu vertilgen, eine gute Zeit, um sie abzusammeln. Die Eiablage in Gelegen von bis zu 80 Stück findet hauptsächlich im November/Dezember statt.

Form des Rumpfes sowie der Sitz des Atemlochs entsprechen den Merkmalen bei der Großen Wegschnecke. Da sie nur bis zu 4 cm lang wird, bleibt auch der Schaden deutlich geringer als bei ihrer größeren Schwester. Außerdem hält sie sich bei der Nahrungssuche eher an Samen, Wurzeln und Knollen, da sie sich bevorzugt unter der Bodenoberfläche aufhält.

Garten-Wegschnecken fressen sich erst im späten Frühling (Mai/Juni) durch die Hüllen der milchig-weißen Eier, etwa ab August sind sie dann ausgewachsen. Sie bleiben in der Regel sesshaft, denn sie sind wesentlich weniger wanderfreudig als Große Wegschnecken.

### Genetzte Ackerschnecke

Diese in ausgewachsenem Zustand 3 bis 5 cm lange Genetzte Ackerschnecke *(Deroceras reticulatum)* ist unauffällig hell bräunlich bis gräulich gefärbt, meist mit einer dunkleren, netzartigen Zeichnung auf dem Rücken. Bei der Ackerschnecke befindet sich das Atemloch hinter der Mitte des Mantelschilds. Außerdem kann man vom Mantelschild bis zum Rumpfende einen Kiel erkennen.

Die wenige Millimeter großen Jungtiere schlüpfen in Frühjahr aus den durchscheinenden Eiern. Ackerschnecken sind schlank, beweglich und äußerst anpassungsfähig. Während einer Trockenperiode gehen sie ihrer Fraßtätigkeit bevorzugt unterirdisch nach, scheuen aber bei ausreichend feuchter Witterung keine Kletterpartie, um an die jüngsten Blättchen und zartesten Blüten zu kommen. Auch Temperaturen um den Gefrierpunkt können sie nicht abhalten.

In der Regel suchen sich die Tiere im Hochsommer zur Paarung, um jedoch erst ab November 10 bis 15 Eier abzulegen. Ein Individuum kann etwas mehr als ein Jahr alt werden. Die graugefärbte *Deroceras agrestis* hat eine wesentlich höhere Vermehrungsrate und fällt gelegentlich ebenfalls als Schädling auf.

Die Genetzte Ackerschnecke ist etwas kleiner als die Wegschnecke und richtet auch weniger Schaden an.

## Bestimmungstabelle für große Nacktschnecken

| Gattung | Atemloch | Kiel |
| --- | --- | --- |
| Wegschnecken (*Arion*) | vordere Mantelhälfte | – |
| Egelschnecken (*Limax*) | hintere Mantelhälfte | endet vor dem Mantelschild |
| Kielnacktschnecken (*Milax*) | hintere Mantelhälfte | bis zum Mantelschild |

Außerdem seien an dieser Stelle noch die kleinen, schädlichen Nacktschnecken aus der Gattung *Lehmannia* erwähnt, zu deutsch Schnegel. Während der heimische Baumschnegel in Wäldern lebt, bekommt es der Gärtner vorwiegend mit dem von der iberischen Halbinsel eingewanderten Gewächshaus-Schnegel *(Lehmannia valentiana)* zu tun, der sich im Umfeld menschlicher Siedlungen tummelt.

**Große Egelschnecke, Großer Schnegel**
Unter den häufig anzutreffenden heimischen Arten ist die Große Egelschnecke *(Limax maximus)* mit bis zu 20 cm Körperlänge die größte. Die schwach grau bis braun gefärbten Tiere fallen besonders durch ihr Tigermuster aus dunkleren Flecken auf. Die Atemöffnung liegt hinter der Mitte des Mantelschilds.

Diese Art sucht ihre Nahrung bevorzugt nachts auf der Bodenoberfläche. Im Sommer legt sie bis zu 300 Eier ab, was bei dreijähriger Lebensdauer zu einer beträchtlichen Vermehrungsrate führt. Die Große Egelschnecke ist zwar aufgrund ihrer Größe und Färbung sehr auffällig, aber eher selten anzutreffen und daher als Schädling von untergeordneter Bedeutung.

## Feindbild der Gärtner: die Spanische Wegschnecke

1956 wurde zunächst in Süddeutschland eine neu eingewanderte Art entdeckt. Man identifizierte sie als Spanische Wegschnecke oder auch Kapuzinerschnecke *(Arion lusitanicus)*, die ursprünglich von der iberischen Halbinsel (Spanien und Portugal) stammt.

Tiere und Eier wurden demzufolge seit Mitte der 1960er-Jahre, als blinde Passagiere bei Transporten von Pflanzen und Früchten innerhalb der Europäischen Gemeinschaft, bei uns eingeschleppt. Auch *Milax*-Arten aus dem Mittelmeerraum wurden in diesem Zeitraum erstmals eingeschleppt. Mittlerweile sind auch die zunehmenden Importe tropischer und subtropischer Kübelpflanzen zu einem guten Teil für die Verbreitung dieser Gattungen in unseren Gärten verantwortlich.

In den 1990er-Jahren stellte man fest, dass die zunehmenden Schneckenschäden in den heimischen Gärten mit diesen zugewanderten Arten zu tun haben, die nur schwer von den heimischen Verwandten zu unterscheiden sind. Und nicht zuletzt mit ihrer Fähigkeit, sich bei uns rasch zu vermehren.

Die Prophezeiungen, dass sich die Spanische Wegschnecke von ihrem damaligen Schwerpunktvorkommen in Süddeutschland bis weit in den Norden ausbreiten und dabei die heimischen Arten weitgehend verdrängen würde, haben sich in vollem Umfang bestätigt.

Bis zur Öffnung des »Eisernen Vorhangs« war die Art in den Gebieten des Ostblocks kaum vertreten. Mittlerweile verbreitet sie sich auch dort unaufhaltsam und hat sich bis auf die Höhe von Mittelschweden sogar in Skandinavien etabliert.

### Ein Einwanderer sorgt für Verwirrung

Inzwischen hat man bei genaueren Untersuchungen festgestellt, dass es sich bei den Gartenschädlingen eigentlich gar nicht um *Arion lusitanicus* handelt, die nach wie vor ausschließlich in Spanien heimisch ist.

Genau genommen handelt es sich um eine bisher vorwiegend in Westfrankreich und Spanien festgestellte Art. Man nannte sie entsprechend *Arion vulgaris*, also Gewöhnliche Wegschnecke.

Diese neuerliche Zuordnung ließ sich durch Genanalysen eindeutig belegen: Während die echte *Arion lusitanicus* nur 24 Chromosomen besitzt, weist *Arion vulgaris* 26 auf, ebenso wie die nahen mitteleuropäischen Verwandten. Dadurch konnte sie sich – wo sie die heimischen Schnecken nicht verdrängt hat – zumindest erfolgreich mit ihr kreuzen, sodass sich mit dem gemischten Erbmaterial die Durchsetzungsfähigkeit dieser Schnecken womöglich noch verstärkt hat. Die Spanische Wegschnecke ist zudem äußerst vermehrungsfreudig und kann zwei Mal im Jahr bis zu 400 Eier legen.

In der populären Literatur aber blieb man der Einfachheit halber – wie auch wir in diesem Buch – nach wie vor bei der Bezeichnung »Spanische Wegschnecke«. Tatsache ist: Die beschriebenen akademischen Verwirrungen ändern nichts an den Zuständen in unseren Gärten.

**Die eingeschleppte Wegschnecke ist nur schwer von den heimischen Arten zu unterscheiden.**

## Robuste Lebensweise im kühleren Norden

Die Spanische Wegschnecke ähnelt der heimischen, Großen Roten Wegschnecke *(A. rufus)* sehr. Obwohl sie aus der Heimat ein wärmeres Klima gewöhnt ist, kommt den Weichtieren die feuchtkühle Witterung Mitteleuropas sehr entgegen. In ihrer Lebensweise hat sich *Arion vulgaris* so angepasst, dass sie die heimischen Wegschnecken zu einem großen Teil verdrängen konnte. Forscher schätzen, dass die Nachkommen der eingeschleppten Wegschnecke für 90 Prozent der Schäden in süddeutschen Gärten verantwortlich sind.

Die erwachsenen Tiere sind meist schmutzig graugrün gefärbt, aber auch dunkelrot bis braun, oft mit Seitenbinden. Nur geringfügig kleiner (ca. 10 cm) als *Arion rufus,* lassen sich die beiden Arten kaum auseinanderhalten. Am besten gelingt dies noch anhand von Jungtieren bis etwa 1 cm Größe: Während die der heimischen Art weißlich sind, erscheinen die der Spanischen Wegschnecke graubraun und gelblich-orange gestreift.

Die Vermehrung erfolgt zweimal im Jahr mit bis zu 300 Eiern pro Tier. Die meisten Jungtiere schlüpfen bereits im Herbst und verkriechen sich zum Überwintern. Ein später Kälteeinbruch im Frühling (März) kann sie dezimieren. Aber von den hier ansässigen natürlichen Schneckenfeinden werden Kapuzinerschnecken kaum vertilgt, weil sie zäher und schleimiger sind als die heimischen Arten und dazu noch bitter schmecken. Manche Igel lösen dieses Problem auf schlaue

Weise: sie wälzen die Tiere auf dem Boden bevor sie sie fressen, sodass sie zumindest teilweise ausschleimen.

Da natürliche Feinde weitgehend fehlen, fand die Spanische Wegschnecke mit ihrer hohen Vermehrungsrate, durch den Rückgang der Igelpopulationen bei uns ideale Voraussetzungen, sodass sich das ursprünglich vorhandene biologische Gleichgewicht massiv verändert hat. Zusätzlich unterstützt wird dies durch verbreitete Maßnahmen auf gärtnerischen bzw. landwirtschaftlichen Flächen, wie tiefes Pflügen und Mulchen. Und auch die üblichen Bekämpfungsmaßnahmen können die Ausbreitung des Zuwanderers nicht wirkungsvoll genug bremsen.

## Die gängigsten Gehäuseschnecken

Wenn die unterschiedlich gemusterten, spiralenförmigen Häuschen verlassen sind, regen sie zum Sammeln an. Aber auch das Verhalten ihrer Bewohner fordert in den seltensten Fällen Bekämpfungsmaßnahmen heraus.

### Schnirkelschnecken

Stellvertretend für die kleinen Gehäuseschnecken sei die bekannte Gattung *Cepaea* genannt; allen voran die Hain-schnirkelschnecke *(Cepaea* spec.) mit ihrem gebänderten Häuschen. Die Tiere bleiben oberhalb der Erdoberfläche und erklimmen auf der Suche nach Nahrhaftem sogar Sträucher und Bäume.

Schnirkelschnecken ziehen sich sowohl bei Hitze als auch über den Winter in ihr schützendes Häuschen zurück. Auf diese Weise können sie sogar mehrere Jahre alt werden. Die Eiablage findet jeweils im frühen Sommer statt. Die von den Tieren verursachten Fraßschäden sind im Einzelfall, zum Beispiel an Johannisbeeren, ein Ärgernis, lassen sich aber vergleichsweise vernachlässigen.

**Weinbergschnecke**
Weinbergschnecken *(Helix pomatia)* sind die größten heimischen Landgehäuseschnecken. Im Garten richten sie nur selten Schaden an.

Diese Art bevorzugt etwas wärmere, kalkhaltige, auch gerne steinige Lebensräume. Unter solchen Bedingungen gelingt es den Tieren zur Freude des Menschen häufiger, die schädlichen Nacktschnecken zu verdrängen. Dennoch mussten die harmlosen Kriechtiere mittlerweile unter Naturschutz gestellt werden. Es empfiehlt sich also aus mehreren Gründen, Weinbergschnecken im Garten willkommen zu heißen und sie nicht nach dem Vorbild der französischen Küche im Kochtopf landen zu lassen.

Diese relativ großen Schnecken ernähren sich zwar auch von grünem, häufiger jedoch von verrottendem organischen Material und fallen deutlich seltener als Schädlinge auf. Da sie, wie übrigens alle Schnecken, die Gelege anderer Schnecken- arten fressen, sind sie eher als Nützlinge anzusehen.

Wenn sich zwei Gehäuseschnecken gefunden haben, kann der Gärtner relativ beruhigt zusehen.

Die Weinbergschnecke hat viele Sympathisanten, nicht nur unter Feinschmeckern – auch bei Gartenfreunden.

# Gegenspieler und Fraßfeinde

Räuber werden überwiegend nachts aktiv – auch im Tierreich. Igel und Spitzmäuse beispielsweise sind solche Fleischfresser, die sich einen dicken Happen ungern entgehen lassen. Insbesondere, wenn sie sich bei der »Verfolgungsjagd« wahrlich kein Bein ausreißen müssen.

## Wildlebende Schneckenvertilger

**Igel** leben häufig an der Basis von Hecken und anderen dichten Sträuchern. Trotz ihres wehrhaften Stachelkleids gehören sie zu den beliebtesten Gästen im Garten. Zu diesem positiven Image trägt ebenfalls bei, dass sie bei ihren nächtlichen Ausflügen zahlreiche Insekten und andere Kleintieren und damit unzählige Pflanzenschädlinge vertilgen.

**Spitzmäuse** sind keine echten allesfressenden Mäuse, die in Keller- und Lagerräumen über unsere Vorräte herfallen und auch Stoffe und anderes anknabbern. Der Name ist allein auf ihre äußerliche Ähnlichkeit zurückzuführen, denn in Wirklichkeit handelt es sich um kleine Raubtiere mit stecknadelkopfkleinen Äuglein, die man am besten an der charakteristisch spitzen Schnauze erkennen kann. Ähnlich wie die Igel ernähren sie sich von zahlreichen Kleintieren. Sie leben in unterirdischen Bauten oder in der unmittelbaren Umgebung von menschlichen Behausungen.

**TIPP** Lebensräume für Igel und Spitzmäuse lassen sich künstlich und mit wenig Aufwand schaffen, indem man im Herbst das Laub unter die Sträucher kehrt oder einen Haufen aus Ästen, Reisig und anderen Pflanzenabfällen aufschichtet. Wer will, kann auch im Zoo-Fachhandel oder im Gartencenter ein nicht ganz billiges Igelhäuschen kaufen.

Auf dem Speiseplan der beiden in unseren Gärten heimischen Raubtiere stehen auch Schnecken. Allerdings sondern diese beim Angriff eines solchen Fressfeindes so viel Schleim ab, dass den Angreifern oft mit Erfolg der Appetit verdorben wird. Die Spanische Wegschnecke zeichnet sich dabei durch eine besonders zähe Schleimschicht aus, sodass einiges Geschick dazugehört, um sich an diesem Happen nicht zu verschlucken.

Der **Maulwurf** vertilgt bevorzugt Insekten und Regenwürmer, aber auch Schnecken verschmäht er nicht grundsätzlich. Der blinde Wühler steht seit 1988 unter Naturschutz und darf nicht bekämpft werden. Wer also die erdigen Hügel im Rasen in Kauf nimmt, beherbergt auch einen Schneckenfresser innerhalb seines Gartenzauns.

**Kröten** sind in Feuchtbiotopen zuhause, nisten aber am liebsten in den Höhlen von Mauern oder Steinhaufen, ebenso wie Blindschleichen und Eidechsen.

Auch **Frösche** ernähren sich teilweise von Schnecken. Die Ansiedlung dieser Amphibien am Gartenteich wird allerdings nur gelingen, wenn er von Fischen freigehalten wird. Die Anlage eines Feuchtbiotops oder der Bau einer Trockenmauer kann also die Ansiedlung der einen oder anderen nützlichen Art fördern.

## Attacke aus der Luft

Für viele unserer **Vögel** – insbesondere für Drosseln, aber auch bei Amseln, Staren, Elstern oder Möwen – gelten Schnecken als nahrhafte Leckerbissen. Leider werden die

Der Maulwurf jagt Schnecken, sobald sie ihm über den Weg kriechen.

ausgewachsenen großen Nacktschnecken aufgrund ihrer Größe und ihres starken Ausschleimens im Angriffsfall nur in geringerem Maße geschätzt und verzehrt. Doch im Hinblick auf die leichter verdaulichen heranwachsenden Tiere ist es auf jeden Fall zu begrüßen, wenn Garten und die nähere Umgebung viele Vögel beherbergen.

**TIPP** Beste Voraussetzungen, damit sich die gefiederten Freunde in möglichst großer Zahl ansiedeln, schafft man durch die Anlage einer dichten Hecke. Den größten Erfolg versprechen fruchttragende Gehölzarten, deren Behang auch über die Winterzeit Nahrung bietet. Wichtig ist zudem, dass die Vögel insbesondere zur Brutzeit nicht durch Schnittarbeiten gestört werden. Der Kleiber braucht zum Nisten alte, ausgehöhlte Bäume.

Wer keine ausreichende Fläche zu Verfügung hat, die von alten oder wildwachsenden Gehölzen benötigt wird, der kann den Vögeln in Form von Nistkästen gezielt Wohnraum anbieten.

### Winzige Jäger

Je kleiner der Angreifer, desto unüberwindlicher wirkt für ihn die Schleimschicht der Schnecken. Deswegen werden **Insekten** in erster Linie als Schneckenfeinde wirksam,

**TIPP** Diese Kleintierarten lassen sich – ebenso wie manche »größeren« Schnecken-vertilger – fördern, indem man einen »unordentlichen« Lebensraum aus Brettern oder Ästen und Pflanzenab-fällen zulässt, der ihnen Unterschlupf bietet.

indem sie die Eigelege fressen sowie teilweise auch noch einzelne Jungtiere. **Laufkäfer** (Carabidae) wie der **Grabkäfer** (*Pterostichus melanarius*) sowie **Halbflügler** (Staphylidae) gehören zu den Arten, die auf diese Weise helfen, den Schneckenbefall zu reduzieren.

Auch **Hundertfüßler**, die deutlich größer sind als die geläufigen Tausendfüßler, sowie die sogenannten Weberknechte wurden schon häufig beim Verzehr von Schneckeneiern beobachtet. Das bekannte Glühwürmchen und ein nahe verwandter **Leuchtkäfer** haben bereits vielfach ihre Eignung als natürliche Schneckenbekämpfer bewiesen. Leider gelang es noch nicht, diese Arten für solche Zwecke einzusetzen.

Die Larven der sogenannten **Marschfliegen** (Sciomyzidae) schaffen Beeindruckendes: sie können die um ein Vielfaches größeren Schnecken mit einem Biss lähmen und auch töten. Anschließend überwintern die Fliegen häufig sogar in den leeren Schneckenhäusern. Leider jedoch gelang es der Nütz-lingszucht bisher noch nicht, mit diesen Insekten praktikable Ergebnisse zu erzielen.

## Natürliche Feinde gesucht

Der eingewanderten Spanischen Wegschnecke mangelt es noch an Gegenspielern in ausreichender Zahl, die ihre Ausbreitung wirkungsvoll in die Schranken weist. Es besteht lediglich die Hoffnung, dass ein ähnlicher Effekt eintritt wie bei der Wandermuschel: Ende der 1950er-Jahre hatte dieser Einwanderer aus dem Schwarzen Meer kaum natürliche Feinde, sodass nahezu unbehindert eine Massenvermehrung einsetzte. Im Laufe der Zeit jedoch sorgte die genetische Anpassung sowohl der Einwanderer als auch die der potentiellen Gegenspieler dafür, dass sich die Population wieder auf ein gesundes Maß einpendelte.

Die Hoffnung auf einen ähnlichen Effekt hat einen weiteren realistischen Hintergrund: Die Spanische Wegschnecke ist schon lange bevor sie zu uns kam, auf den britischen Inseln eingewandert. Und dort stellt sie kein Problem mehr dar.

**Der ausgewachsene Laufkäfer ernährt sich wie seine Larve (Bild) von Schnecken und anderen Kleintieren.**

# Lebensraum für Schneckenfeinde schaffen

Nun haben wir doch einige Wildtiere kennengelernt, die uns in der Auseinandersetzung mit den Schadschnecken äußerst hilfreich sein können. Wenn man deren Bedürfnisse betrachtet, kommt man zu dem Schluss, dass die meisten Schneckenfeinde in einem Naturgarten zuhause sind, der möglichst viele unterschiedliche Lebensräume bietet:

- Umsäumt von dichten Vogelschutz- und Vogelnähr-gehölzen,
- in dem Schnittholz, Steine und Laub liegenbleiben dürfen,
- mit einem Gartenteich oder Feuchtbiotop, der an eine Trockenmauer grenzt,
- in dem Trockenmauern oder locker aufgeschichtete Stein-haufen Unterschlupf und Rückzugsmöglichkeiten bieten.

Allerdings fühlen sich auch die Schnecken in solchen Be-reichen äußerst wohl. Daher ist etwas Geduld erforderlich, bis ein stabiles biologisches Gleichgewicht erreicht ist, in dem sich die Schnecken nicht mehr völlig unkontrolliert ver-mehren.

Die Zone um die schützenswerten Gemüse- oder Blumen-beete darf weniger naturgemäß gestaltet sein: Stattdessen sollen hier breite befestigte Wege und ein kurzgehaltener Rasen die Zuwanderung der Schnecken erschweren (siehe Seite 61).

# Laufenten halten

Gärtner in ländlichen Gegenden kennen seit Längerem eine Geheimwaffe im Kampf gegen die Schneckenplage: schneckenverzehrendes Geflügel. In erster Linie handelt es sich dabei um Indische Laufenten oder Khaki-Campbell-Enten.

Diese Entenvögel gelten als ausgesprochene Schneckenfresser. Allerdings darf man nicht übersehen, dass für ihre fachgerechte Haltung nicht nur ein ausreichender Auslauf erforderlich ist, sondern auch eine qualifizierte Betreuung, die prinzipiell täglichen Einsatz verlangt.

## Die passende Unterbringung

Enten sind gesellige Tiere, damit sie sich nicht einsam fühlen, sollte man mindestens ein Pärchen anschaffen: das reicht für einen Garten bis 500 m² Größe. Männliche Tiere sind unruhiger und vertragen sich untereinander nicht. Deswegen empfiehlt es sich, in einer Gruppe von bis zu sechs Tieren nicht mehr als einen Erpel zu halten. Im Durchschnitt werden diese Enten etwa fünf Jahre alt.

Eine Wasserstelle mit flachem Ausstieg ist obligatorisch für die Haltung der Wasservögel. Sie brauchen diese unter anderem, um ihren Schnabel von Schneckenschleim zu reinigen. Auch im Winter muss immer etwas frostgesichertes Wasser zur Verfügung stehen. Ein Zierteich allerdings ist ungeeignet – den würden die Enten in kürzester Zeit verwüsten.

Der Stall muss nicht groß sein, sollte aber ein Fenster besitzen. Je besser der Ausblick durch dieses Fenster, desto
ruhiger bleibt die werdende Entenmutter beim Brüten. Die
möglichst sandige Unterlage sollte man täglich mit frischer
Stroheinstreu überdecken. Ausgemistet wird nur drei- bis
viermal jährlich.

**Laufenten vor Raubtieren schützen**
Indische Laufenten fallen durch ihre unbeholfen wirkende,
aufrechte Körperhaltung auf; mit ihren verkümmerten Flügel-
chen können sie auch gar nicht fliegen. Gleiches gilt für die
etwas robuster wirkenden **Khaki-Campbell-Enten,** eine
Züchtung aus Schottland. Weil ihre Fortbewegungsart auf dem
Boden folglich eher tapsig ist, werden diese Vögel schnell zu

Wenn sich mehrere Laufenten einen schönen Stall teilen, sollte
nicht mehr als ein Erpel dabei sein.

**TIPP** Wegschnecken sind in ausgewachsenem Zustand ziemlich groß. Weil sie außerdem stark schleimen, insbesondere die aus Spanien zugewanderte Art, können junge Enten vor allem bei trockener Witterung an diesen dicken Brocken ersticken. Deshalb sollte man den Tieren besser erst dann, wenn sie einigermaßen erwachsen sind, unkontrollierten Zugang zu den großen Schnecken gewähren.

Opfern von Füchsen und Mardern, sofern man nicht entsprechende Vorkehrungen trifft.

Zu allererst sollte man sie über Nacht zuverlässig in einen Stall sperren. Eine Umzäunung ist als Schutz nur wirksam, wenn sie mindestens 25 cm tief in den Boden eingegraben wird, weil sich manche Raubtiere sonst einfach darunter durchgraben können.

**Salat vor Laufenten schützen**

Beide Entenvogelarten sind nicht wie andere Artgenossen vorrangig auf frisches Gemüse fixiert. Trotzdem empfiehlt es sich nicht, die Tiere längere Zeit unbeaufsichtigt durch Beete mit Salat, Kohl, Bohnen, Spinat oder Möhren watscheln zu lassen. Auch das süße Beerenobst ist nicht vor ihnen sicher. Am besten lässt man den Laufenten nur in abgegrenzten Bereichen rund um den schützenswerten Gartenteil freien Auslauf; mindestens 50 m² sollten es sein. Die Zäune müssen angesichts der Flugunfähigkeit der Tiere lediglich etwa kniehoch sein. Wenn man ein Zaunsystem baut, das leicht transportier- und verstellbar ist, dann können auch die Schneckenjäger schnell und flexibel am benötigten Ort zum Einsatz kommen. Mittlerweile kann man Enten sogar mieten.

## Gezielte Nahrungszufuhr

Wenn es denn nötig ist, die Laufenten direkt in die Beete zu schicken, sollte man dies nur stundenweise tun. Am besten eignen sich der frühe Morgen oder die abendliche Dämmerung, wenn die Schnecken ihre Verstecke verlassen.

Vor diesem Hintergrund sollte eine zusätzliche Fütterung der Enten mit Körnern und Kräutern ausschließlich mittags erfolgen. Ansonsten besteht die Gefahr, dass sie den Appetit auf Schnecken verlieren und ihnen die stürmische Jagd durch den Garten zu anstrengend ist …

Es empfiehlt sich, dem Futter für die Vögel Muschelschrot beizufügen. Denn nicht zuletzt im Hinblick auf ihre Eierproduktion brauchen die Tiere regelmäßig Kalk.

TIPP Es hat sich bewährt, die Enten nach dem Abräumen im Herbst noch einmal durch die Beete zu treiben. Denn insbesondere die zurückgelassenen Grünabfälle locken die Schnecken in Scharen.

## Schwierige Fortzüchtung

Wer sich dafür entscheidet, diese Tiere als Schneckenbekämpfer einzusetzen, der sollte möglichst schon im Oktober eine Bestellung beim Geflügel-Spezialisten aufgeben. Wenn man erst im späten Frühjahr, zum Höhepunkt der Schneckenplage, daran denkt, ist es meist zu spät. Dann sind die Jungtiere meist vergriffen.

Obwohl ein Weibchen jährlich etwa 250 Eier legt, ist die Weiterzucht für Laien äußerst schwierig. Theoretisch könnte man die Tiere nach zehn bis elf Wochen für den Fleischverzehr schlachten. In den meisten Fällen jedoch wird man überschüssige Tiere wohl lieber einem befreundeten Gärtner als wertvolle Helfer überlassen – wenn es denn wirklich soweit kommt.

TIPP Eine Möglichkeit ist, die Eier der Enten täglich abzusammeln. Da sie häufig mit Salmonellen besetzt sind, ist ihr Verzehr allerdings nur bedingt zu empfehlen.

## Auch andere Geflügelarten eignen sich

**Flug-** und **Warzenenten** eignen sich ebenfalls als Schneckenjäger. Sie sind in der Regel einfacher zu halten und ihr Fleisch schmeckt besser. Allerdings haben sie anders als die vorgenannten Arten großen Appetit auf Gemüsepflänzchen.

Junges Geflügel kann sich an einer ausgewachsenen Wegschnecke schon mal verschlucken.

Das kann im Hausgarten rasch zum Problem werden. Sogar
Chinesische Wachteln werden als Schneckenjäger empfohlen.

Auch ganz »normale« Hühner können bereits eine nachdrück-
liche Wirkung erzielen, wenn man die Tiere nach dem Abräumen über die Beete ziehen lässt. Bei der Nahrungssuche
säubern sie das Gelände vor allem von den Eigelegen der
Schnecken, sodass der nächstjährige Befall hauptsächlich auf
Zuwanderung beruht und wesentlich geringer ausfällt.

Bei dieser herbstlichen Säuberungsaktion bleiben die Winter-
gemüse verschont. Frisch ausgesäte Samen sowie Salate
sollten aber vor dem Zugriff der Hühner geschützt werden.

# Schnecken fangen leicht gemacht

Mechanische Methoden wie das Einsammeln der Schädlinge erfordern zwar einigen Aufwand, nämlich eigenen körperlichen Einsatz und im Fall der Schnecken manchmal sogar ein sehr frühes Beenden der Nachtruhe. Aber sie haben einen unschätzbaren Vorteil: Man hat den Erfolg vor den eigenen Augen und ist nicht auf Spekulationen angewiesen, ob das angewendete Mittel nun gewirkt hat, oder ob die Schnecken aufgrund der Witterung oder anderer Faktoren ferngeblieben sind. Deshalb halten viele noch voller Überzeugung an den Praktiken unserer Vorväter fest und sammeln die Übeltäter ab oder fangen sie eigenhändig ein.

## Regelmäßig einsammeln

Wie wir aus Erfahrung wissen, werden die Schnecken hauptsächlich nachts aktiv. Erst im Schutz der Dunkelheit und bei kühl-feuchter Witterung verlassen sie ihre Schlupfwinkel an Mäuerchen, in dichtem Bewuchs und an anderen feuchten und dunklen Stellen. Meist sind die Tiere dann in der Morgen- und Abenddämmerung unterwegs, um sich in Richtung ihres Nahrungsangebots zu bewegen oder nach Futter zu suchen. Zur selben Zeit zeigen sie sich auch an der Oberfläche des Komposts. Das Wissen um die Aktivitätszeiten und die Schwächen der Plagegeister hilft uns, sie mit ihren eigenen Waffen zu schlagen und wirkungsvoll in die Schranken zu verweisen.

TIPP Wenn man nicht regelmäßig dazukommt, lässt sich die Erfolgsrate einer einmaligen Sammelaktion deutlich erhöhen, indem man mehrmals in den Abend- und Nachtstunden absammelt – also abends, um Mitternacht im Schein der Taschenlampe und ein weiteres Mal am frühen Morgen.

### Wann ist der beste Zeitpunkt?

Der exakte Zeitpunkt hängt stark von der Witterung ab, vom vorhandenen Nahrungsangebot sowie vom Lebensrhythmus der verschiedenen Schneckenarten. Während die großen Wegschnecken (*Arion ater, Arion rufus* und *Arion lusitanicus*) nämlich schon mit beginnender Dämmerung auf der Bildfläche erscheinen und sich gegen Morgen bereits frühzeitig wieder zurückziehen, tauchen die kleinen Wegschnecken (*Arion hortensis*) häufig erst auf, wenn es schon wieder hell ist.

In der Regel lohnt es sich, nicht nur die gefährdeten Beete abzusuchen, sondern auch die Wiese und das umgebende Gelände.

Wer nur tagsüber Zeit hat, Schnecken einzusammeln, der wird zwischen dichten Pflanzungen oder unter großen Blättern (z. B. Rhabarber) den meisten Erfolg haben. Oder er legt künstliche Schlupfwinkel an – siehe Seite 49. Die Erfolgsrate dieses Vorgehens lässt sich noch deutlich steigern, indem Köder ausgelegt werden.

Es passiert aber auch häufig an bewölkten Tagen, vor allem aber nach oder gar während starker Regenfälle, dass einem die Schnecken bei der Gartenarbeit praktisch von selbst über den Weg kriechen.

Sehr effizient ist das Absammeln nach dem ersten Hacken der Beete im Frühjahr. Denn durch diese Maßnahme der Bodenbearbeitung werden die Schnecken aus ihrer Ruhe und somit aus ihren Schlupfwinkeln aufgeschreckt.

**Ohne sich die Hände schmutzig zu machen**
Der Schneckenschleim wirkt unappetitlich und ist auch schwierig wieder abzuwaschen, deshalb wird man in der Regel nicht mit bloßen Händen auf Schneckenfang gehen.

Trittbretter zwischen den Beeten dienen als künstlicher Unterschlupf, der sich bequem absammeln lässt.

**TIPP** Dauert die Suche länger, sollte man die bereits gefangenen Schnecken ständig im Auge behalten, die man in der Regel in einem alten Eimer oder einem ähnlichen Behälter sammelt. Wenn man nicht aufpasst, gelingt es den ersten Opfern des Arrests überraschend rasch, die Oberkante des Sammelbehälters wieder zu erklimmen und in die Freiheit zu entkommen.

Die meisten Gärtner haben schnell Gummihandschuhe zur Hand. Noch eleganter allerdings hält man sich die Tiere mit einer alten Nudelzange oder Ähnlichem vom Leib.

**Wohin mit den Gefangenen?**
Biogärtner und Naturfreunde weigern sich oftmals aus grundsätzlichen Überlegungen, anderen Lebewesen mit gewaltsamen Methoden auf den Leib zu rücken. Viele meinen es dann besonders gut und tragen die Tiere zum nächsten Waldrand, um sie dort wieder in die Freiheit zu entlassen.

Engagierte Biologen schlagen ob dieser gut gemeinten Aktion aber die Hände über dem Kopf zusammen: Da nach ihrer Meinung großteils die eingewanderte Spanische Wegschnecke für die Kalamitäten in unseren Gärten verantwortlich ist, führt deren Freilassung in der Natur langfristig nur zu einer weiteren Verschärfung des Problems. Eine »Faunenverfälschung« würde auffassungsgemäß dadurch begünstigt, dass sie die Verdrängung der heimischen Schneckenarten beschleunigt – und das ist den Schnecken-Spezialisten ein Dorn im Auge.

Der einzige Ausweg, den selbst manche Biologen aus diesem Dilemma sehen, führt zu scheinbar »rabiaten« Maßnahmen: Längerfristig wirksam sei nur das Zerschneiden bzw. Zerstechen der Tiere mit Scheren und Messern. Wenn man dies gleich am Fundort tut, hat das den Vorteil, dass die Schnecke gar nicht erst aufgegriffen werden muss. In den meisten Fällen sind die Überreste dieser Maßnahme schon am nächsten Tag nicht mehr zu sehen, denn die Opfer werden mit Vorliebe von den eigenen Artgenossen vertilgt. Wer sich darauf nicht verlassen will, kann die Schneckenleichen zum Kompost bringen oder verscharren. Doch bei zarteren Gemütern dürfte dies auf wenig Sympathie stoßen.

## Schadschnecken essen?

Im Gespräch mit Gärtnern taucht immer wieder die Frage auf: Kann man diese Schnecken nicht einfach aufessen? Leider nein: Müssen schon bei den Weinbergschnecken einige Hemmschwellen überwunden werden, so hält die starke Ausschleimung der Nacktschnecken sicher auch robustere Gemüter ab. Hinzu kommt: Die eingewanderte Spanische Wegschnecke schmeckt scheußlich bitter, wie ein engagierter und vor nichts zurückschreckender Schneckenspezialist herausgefunden hat.

### »Humanes« Töten

Als die »humanste« Tötungsmethode für Schnecken wird das Überbrühen mit kochend heißem Wasser gehandelt. Wenn der Wasserkessel frisch vom Herd kommt, sind die Tiere binnen weniger Sekunden – relativ schmerzfrei – tot.

Die früher weit verbreitete Gewohnheit, Schnecken mit Salz zu bestreuen, ist heute ziemlich aus der Mode gekommen. Denn inzwischen weiß man, dass dabei die Tiere unnötig qualvoll verenden. Dasselbe trifft zu, wenn die Schnecken in einer zugeschnürten Plastiktüte ersticken müssen.

TIPP Man kann die Tiere zur schmerzlosen Tötung theoretisch auch in hochprozentigen Alkohol werfen. Praktisch gesehen, wird dadurch allerdings die Entsorgungsfrage erschwert.

## Wohnangebot mit Hintergedanken

Weil man die Schnecken schwerlich bis in ihre selbst gewählten Schlupfwinkel verfolgen kann, in die sie sich tagsüber zurückziehen, bietet es sich an, ihnen einfach neue anzudienen. Von den dann bekannten Verstecken lassen sich die Tiere bequem auch tagsüber, am besten aber mit schöner Regelmäßigkeit am Morgen oder am Abend absammeln.

**TIPP** Die Unterschlupfmöglichkeit muss nicht unbedingt ein Flachbau sein, auch kopfüber aufgestellte Tontöpfe werden liebend gerne von ganzen Wohngemeinschaften als kleine Schnecken-Hochhäuser angemietet.

## Dunkle Abdeckungen

Die Kriechtiere finden sich dankbar an der Unterseite eines Holzbretts ein, das beispielweise als Wegbefestigung zwischen den Beeten ausgelegt werden kann. Dasselbe gilt für kräftige alte Stoffe oder für flach ausgebreitete Wellpappe; allerdings sollte letztere etwas angefeuchtet und nicht völlig trocken sein.

Und wer alte Wegplatten oder Dachziegel zur Befestigung zwischen den Beeten auslegt, kann diese gleichzeitig als Schneckenversteck betrachten und die Unterseite regelmäßig absammeln. Lochziegel sind in diesem Zusammenhang allerdings ungünstig, weil sich die Schnecken unerreichbar in die Höhlungen zurückziehen und uns von dort aus die Reibezunge herausstrecken können.

Wer organische Materialien bevorzugt, kann große Blätter auslegen, zum Beispiel von Rhabarber oder Kohl. Auch diese eignen sich vorzüglich, um Schnecken anzulocken und später darunter abzusammeln. Zudem haben diese Materialien den großen Vorteil, dass sie mit der Zeit von ganz alleine verrotten.

Ein ständiger Futter- und Wohnplatz für die Schnecken ist der Kompost. Wenn man ihn mit einer schwarzen Folie abdeckt, wie das zum Beispiel bei Hitze oder bei ergiebigen Niederschlägen sinnvoll sein kann, so lassen sich die Tiere von deren Unterseite absammeln. Dies ist umso empfehlenswerter, je näher der Kompost an den gefährdeten Beeten liegt.

### Eier suchen vor Weihnachten

Wie noch in einem späteren Kapitel beschrieben wird (siehe Seite 101), kann man durch entsprechende Bodenbearbeitung weitgehend verhindern, dass die Schnecken ihre Eier in unseren Beeten ablegen. Je weiter sie sich dann entfernen müssen, um eine geeignete Stelle für die Eiablage zu finden, desto besser.

Eine V-förmige Erdspalte, die man mit Pflanzenabfällen abdeckt, soll Schnecken zur Eiablage anlocken.

**TIPP** Der geeignete Termin für eine solche Maßnahme ist zu Beginn der Eiablagezeit, also im Herbst. Man nimmt dazu einen Spaten, sticht am Beetrand eine V-förmige Erdspalte und deckt diese mit pflanzlichen Abfällen ab. Eine solche Vorbereitung des Bodens bietet offenbar recht günstige Voraussetzungen für einen optimalen Start des Schnecken-Nachwuchses.

Dennoch wird man bei der Gartenarbeit gelegentlich auf solche Eigelege stoßen. Dann ist es ein Leichtes, diese durch Zerquetschen oder durch Überbrühen mit kochendem Wasser zu vernichten. Es würde oftmals schon genügen, die Eier offenzulegen und somit allen Fressfeinden sowie dem Frost ungeschützt auszusetzen. Andererseits kann man sich natürlich nicht zuverlässig darauf verlassen, dass der Schneckennachwuchs auf diesem Wege ganz unschädlich gemacht wird und aus dem Verkehr gezogen ist.

Es besteht sogar die Möglichkeit, die Schnecken für die Eiablage anzulocken. Auf diese Weise muss man nicht auf einen Zufallsfund warten, um die Gelege zerstören und so die Vermehrung empfindlich beeinträchtigen zu können.

Wenn der Gärtner unter der Abdeckung tatsächlich bald ein Gelege findet, kann er die Eier mit kochendem Wasser überbrühen. Mit dieser Aktion ist er auf einen Schlag Dutzende, wenn nicht Hunderte von Schnecken los.

# Lieblingsspeisen als Lockmittel

Um die Schnecken von den gefährdeten Pflanzenlieblingen abzulenken, entschließen sich viele Gärtner, ihnen andere Arten zu opfern. Das hat nicht nur den Effekt, dass die Schnecken von den meist wesentlich wertvolleren Blumen und Salaten abgelenkt sind: Auch von dem jeweiligen Lockangebot lassen sich die Schnecken ohne lange Suche in großer Zahl absammeln.

## Vegetarische Vorlieben

Für diesen Zweck wird man natürlich vorrangig solche Pflanzenarten wählen, die für ihre besondere Zuneigung zu den Schnecken bekannt – oder auch berüchtigt sind.

Im Gemüsegarten stellen offensichtlich Salat (Anbau ganzjährig, aber v. a. im Frühjahr) und Chinakohl (gegen Herbst) die attraktivsten Leckerbissen dar. Deshalb raten manche Gärtner dazu, einen Randstreifen des Beetes mit diesen Arten anzulegen. Der Effekt: Der Großteil der Schnecken bleibt bei diesem Angebot hängen und hält sich idealerweise vom übrigen Gemüse fern.

Aus vielen Beobachtungen wissen wir, dass Studentenblumen die Kriechtiere wie magisch anziehen. Da *Tagetes tenuifolia* außerdem mit ihren Wurzeln den Boden von Nematoden entseuchen kann, eignet sich diese Art also hervorragend zur Randbepflanzung im Nutzgarten.

TIPP In Gärtnerkreisen hat es sich herumgesprochen, dass Schnecken nicht an Weizenkleie sowie Hunde- bzw. Katzenfutter vorbeikriechen können. Am wirkungsvollsten hat sich in praktischen Versuchen eine gut befeuchtete Mischung aus Weizenkleie mit einem kleineren Anteil von eingeweichtem Katzen-Trockenfutter herausgestellt.

Auch der Gelbsenf gehört zu den Lieblingsspeisen der Schnecken. Als Pflanzung bietet ein nur meterbreiter Streifen ausreichend Ablenkung. Abgemähte oder gar gezielt ausgelegte Senfpflanzen wirken allerdings noch anziehender auf die schleimigen Plagegeister als ein lebendiger Pflanzenbestand.

Aus Kleie und Katzenfutter lässt sich ein wirkungsvoller Köder herstellen, den man regelmäßig absammeln muss.

## Künstliche Köder

Jedes Häufchen abgeschnittener Grünpflanzen, der Löwenzahn sei hier als Beispiel genannt, wirkt sowohl als Futter wie auch als Schlupfwinkel attraktiv. Das kann man beobachten, wenn man nur einmal unabsichtlich einige Pflanzenabfälle über Nacht liegen lässt. Eine solche Anziehung können wir uns natürlich zunutze machen.

Kartoffelhälften oder -scheiben locken als Futterquelle bekanntlich Tausendfüßler (Myriapoda), wenn sie im Übermaß auftreten – aber ebenso Schnecken. Auch vom Geruch vieler anderer Küchenabfälle werden die Schädlinge angezogen. Orangenschalen beispielsweise scheinen in Schneckenkreisen besonders beliebt zu sein.

Köder sollten jeweils in der Nähe von geschützten Zonen ausgelegt werden, damit sich die Schnecken nicht allzuweit hervorwagen müssen. Überdies empfiehlt es sich, die Köderplätze jeweils mit einigen Metern Abstand zu wiederholen. Die größte Fangquote lässt sich erzielen, wenn dort mehrmals in der Nacht abgesammelt wird, da die Schnecken laufend ihre Standorte wechseln.

Weil sich die Schnecken solche leckeren Fressangebote merken und schnellstmöglich erneut aufsuchen werden, sollte man Köder außerdem immer wieder am selben Platz auslegen. Ganz nebenbei erleichtert dies auch uns die Arbeit, da wir nicht jeden Tag suchen müssen, wo der Köder liegt.

Aber Achtung: Die attraktivsten Köder ziehen durch ihren Geruch auch Schnecken aus größeren Entfernungen an! Deshalb müssen solche Lockangebote konsequent abgesammelt und mit anderen Abwehrmaßnahmen kombiniert werden. Wenn man dagegen nur Köder auslegt und das Absammeln vergisst, hat man mit großer Wahrscheinlichkeit relativ rasch einen größeren Schneckenbestand im Garten als zuvor.

## Bier lockt Schnecken aus der Ferne

Das Prinzip der Bierfalle ist ganz einfach: Man versenkt ein Gefäß im Boden und füllt es mit Bier. Der Geruch lockt Schnecken an, diese fallen beim Trinken berauscht ins Gefäß und ertrinken.

Der Einsatz von Bierfallen im Garten ist vielerorts bereits zum Synonym für die Schneckenbekämpfung geworden. Doch die im letzten Kapitel getroffene Aussage über attraktive Fraßköder gilt speziell auch für dieses populäre Getränk: Offensichtlich wirken Bier- und Alkoholdunst auf die Tiere so unwiderstehlich, dass sie selbst aus größeren Entfernungen angekrochen kommen, um die »Kneipenatmosphäre« zu genießen. Deshalb empfiehlt sich der Einsatz dieser Lockfallen nur in Kombination mit einer wirkungsvollen Umgrenzung. Ansonsten nimmt die Zahl der Schnecken im Beet trotz der Fangerfolge eher zu als ab.

TIPP Wem der edle Gerstensaft als letzter Schluck für die Weichtiere zu schade ist: Es tut auch Leichtbier oder Billigwein aus der Zweiliterflasche.

## Und so wird es gemacht

Als Gefäß eignet sich ein kleines, altes Glas oder ein anderes nicht zu flaches Gefäß. Besonders beliebt sind Joghurtbecher. Im Gartencenter kann man für diesen Zweck auch spezielle Behälter mit oder ohne Deckel fertig kaufen.

Beim Eingraben gräbt man den Becher nicht bodeneben ein, sondern man lässt 1 bis 2 cm Rand herausstehen. Wenn man dies nicht tut, besteht nämlich die Gefahr, dass auch Laufkäfer und andere nützliche Bodenbewohner unglücklicherweise mit eingefangen werden.

Mit einem einfachen Joghurtbecher lässt sich eine ebenso einfache wie zweckmäßige Konstruktion basteln: Wenn man aus dem oberen Rand abwechselnd in etwa 2 cm Abstand quadratische Ecken herausschneidet, kann man noch einen Deckel darauf setzen – und gleichzeitig haben die Schnecken seitlich Zugang zum begehrten Trank. Der Deckel schützt den Inhalt vor Verwässerung durch Regen.

Beim Einschenken belässt man zum oberen Rand einige Zentimeter Abstand. Das Ziel ist, dass sich die Schnecken zum Trinken tief genug hineinbeugen müssen. Wenn sie dann nach wenigen Schlucken unter Alkoholeinfluss stehen, können sie der tödlichen Verlockung nicht mehr entrinnen.

## Ideal: Kombination mit dem Schneckenzaun

Wie schon eingangs erwähnt, sollte eine solche Bierfalle mit anderen Maßnahmen ergänzt werden, nur dann ist ihr Einsatz sinnvoll. Ideal ist die Anwendung innerhalb eines Schneckenzauns (siehe Seite 76), um das Gelände vollständig von Schnecken zu befreien. Dabei werden keine weiteren Schnecken aus weiter Ferne angelockt, weil sie den Zaun nicht überwinden können. Und innerhalb des Zauns werden die bereits ansässigen Schnecken nach und nach abgefangen. Wenn keine Schnecken mehr in die Falle gehen, kann man die Bierfalle auflösen. Voraussetzung für den Erfolg ist allerdings, dass der Schneckenzaun konsequent überwacht wird.

## Öfter ausleeren!

Die Behälter sollten regelmäßig entleert werden. Ein relativ enger zeitlicher Rhythmus ist dabei in jedermanns eigenem Interesse. Denn nach mehreren Tagen Standzeit kann die Angelegenheit ziemlich unappetitlich werden, wenn sich die Schnecken im Alkohol auflösen oder eintrocknen.

Wenn der Kompost weit genug von den Beeten entfernt ist, kann man die Becher hier entleeren. Die Überreste werden dann von Artgenossen rückstandslos vertilgt. Ansonsten sucht man sich eine möglichst unzugängliche Gartenecke und verscharrt den Inhalt des Bechers in der Erde.

# Hindernisse für den Schneckenangriff

Wenn die Schnecken innerhalb der Beete keine Unterschlupf-möglichkeiten finden, müssen sie mehr oder weniger große Entfernungen überwinden, um von ihrem Tages-Rückzugsort nachts zu ihren Lieblingsspeisen zu gelangen. Dadurch sind allein schon die Distanzen, die zwischen den gefährdeten Pflanzen und Beeten einerseits und den umgebenden schattig-feuchten Gartenstellen anderseits liegen, von entscheidender Bedeutung für die Menge an nächtlichen Besuchern.

Eine Vorentscheidung über spätere Schneckenschäden fällt also schon bei der Gartengestaltung bzw. bei der Standortwahl für die Gemüsebeete. Sogar die äußere Umgebung des Gartengrundstücks sollte man unter diesem Gesichtspunkt in Augenschein nehmen: Eine Schutthalde oder ein schattiges Biotop kann der Ausgangspunkt für Tausende unerwünschter

**TIPP** Nach längerem Anmarsch im Nahrungsparadies angekommen, fallen Schnecken verständlicherweise am gierigsten über die ersten, am nächsten liegenden Leckerbissen her. Am Rand der Beete sind deshalb erfahrungsgemäß die größten Fraßschäden zu beklagen. Dieses Phänomen kann man nutzen und am Rand eine Bepflanzung anbieten, deren Verlust leichter zu verschmerzen ist.

Besucher sein. Je größer die Entfernung zu so einem Gelände, desto besser. Und notfalls kann man die Invasion
durch geeignete Hindernisse stoppen, zumindest aber ablenken oder erschweren.

## Abstand halten!

In welchen Gartenbereichen finden die Schnecken am
leichtesten geschützte Wohnstätten, von denen aus sie auf
Nahrungssuche gehen? Das sind vor allem:

- Hecken und hohe Wiesen,
- Mäuerchen und Gebäude,
- locker aufliegende Holzbohlen,
- Totholzhaufen,
- Materiallager (z. B. Wegplatten, Bausteine …) und
- vor allem der Kompostplatz.

Solche Elemente sollte man möglichst weit von den Beeten
entfernt anlegen, die gefährdet sind und die nach Möglichkeit
von den Schnecken verschont werden sollen. Ab 5 m
Abstand kann man mit einer gewissen Gelassenheit davon
ausgehen, dass die Tiere nicht ohne Weiteres jede Nacht
zu- und wieder abwandern. Wenn allerdings auf dem Beet
selbst genügend Unterschlupfmöglichkeiten existieren,
erübrigt sich der Rückweg – und damit wird die Gefährdung
wieder wesentlich größer.

## Unwirtliche Anwege

Normal breite Wege aus Kies oder Wegplatten bilden trotz der Fortbewegung im Schneckentempo keinesfalls ein unüberwindliches Hindernis. Erst ab etwa 4 m Breite würden sich bei den Schnecken gewisse Ermüdungserscheinungen feststellen lassen. Doch in gestalterischer Hinsicht sind solche Kahlflächen nicht in jedem Garten die ideale Lösung, sie stellen bestenfalls das kleinere Übel dar.

Ein kurz geschorener Nutzrasen von mindestens 4 m Breite wäre da die ästhetisch besser verträgliche Alternative. Nur wenige Tiere würden sich auf das Abenteuer einlassen, einen derartigen grünen Randstreifen zu durchwandern. Voraussetzung dafür, dass das funktioniert, ist allerdings, dass die Fläche regelmäßig gemäht und das Schnittgut sofort akribisch entfernt wird.

### Unterschiedliche Wanderlust

Bei all diesen Maßnahmen ist zu berücksichtigen, dass manche Schneckenarten von vornherein wanderlustiger sind als andere (siehe Seite 16 ff.). *Arion hortensis* und *Deroceras*-Arten zum Beispiel neigen eher zur Kurzatmigkeit, während die großen *Arion*-Arten größere Distanzen auch leichter überwinden. Generell kann man sich die Regel merken: Je kleiner die Schnecke, desto geringer ihr Aktionsradius.

Je größer und unwirtlicher die Distanz zum Kompost, desto besser sind die Beete vor Schneckenbesuch geschützt.

Die Wirkung solcher schneckenfeindlicher Flächen lässt sich verstärken, wenn man sie zusätzlich mit verschiedenen anderen Maßnahmen kombiniert. Zum Beispiel kann man bereits den Boden im betroffenen Beet sehr gar und glatt, also schneckenfeindlich gestalten, weil die Tiere hier keinerlei Schlupfwinkel finden. Sofern dies gewährleistet ist, genügen als wirksame Abwehr im Frühjahr, wenn die meisten Schnecken gerade erst geschlüpft sind, bereits wenige Meter Entfernung des Blumen- oder Gemüsebeets bis zu deren Unterschlupfmöglichkeiten.

Unterwandert wird diese Regel allerdings oftmals von der Spanischen Wegschnecke. Denn bei dieser Art überwintern teilweise Tiere, die im Herbst geschlüpft und deshalb auch schon größer sind. Und für diese sind die Wanderungen über solche Distanzen leichter zu bewerkstelligen.

# Pflanzen, um die Schnecken einen Bogen machen

Am einfachsten für den Gärtner wäre es, wenn er keine besonderen Materialien auf sein Grundstück schleppen müsste, um den Schnecken die Zuwanderung zu seinen gefährdeten Pflanzenschätzen zu erschweren, sondern wenn sich diese Aufgabe wiederum durch gezielte Anpflanzungen erledigen ließe. Eine solche Maßnahme würde im Gegensatz zu manch anderen, künstlichen Konstruktionen nicht unangenehm ins Auge fallen.

Bei anderen Arten sind es **Inhaltsstoffe**, die abschreckend wirken. In größeren Mengen verzehrt, wirkt Oxalsäure auf Schnecken giftig und macht beispielsweise den Sauerklee zu einer bei Schnecken unbeliebten Pflanze. Besonders wertvoll für den Gärtner sind dabei Arten, die in schattigen Lagen gedeihen, weil solche Standorte von den Schnecken als Wohnstätte bevorzugt werden.

TIPP Zur Abwehr eignen sich nur Pflanzen, die nicht zum bekannten Nahrungsspektrum der Schnecken gehören und welche sogar von ihnen gemieden werden. Am häufigsten werden hierfür stark aromatisch duftende Gewürzkräuter genannt. Aber auch der in Geranien enthaltene **Duftstoff** wirkt abwehrend.

Selbst die **Textur** der Pflanzenorgane spielt eine wichtige Rolle. Zum Beispiel weichen Schnecken Arten mit behaarten Stängeln und Laub gerne aus. Auch hartlaubige Pflanzen, die häufig aus dem Mittelmeerraum stammen, werden in der Regel gemieden.

Aus der Praxis sind mehrere Berichte bekannt, wonach ein 2 bis 3 m breiter Streifen aus **Weißklee** die Schnecken recht wirkungsvoll von der Zuwanderung abhalten soll. Diese Lösung, sollte sie wirken, beansprucht jedoch recht viel Platz.

### Schnecken-Abwehrpflanzen

- Stark aromatische Pflanzen: Salbei, Thymian, Rosmarin, Oregano, Majoran, Bergbohnenkraut, Ysop, Lavendel, Pfefferminze, Liebstöckel, Kümmel, Knoblauch, Eberraute, Wermut oder Geranien.
- Behaarte Pflanzen: Borretsch, Beinwell, Bienenfreund (*Phacelia*) oder Königskerze.
- Pflanzen mit schneckenfeindlichen Inhaltsstoffen: Sauerampfer, Sauerklee; im Schatten Efeu, Wurmfarn oder Weißklee.

**Unsichere Lösung**

Es wäre zu überlegen, zumindest an einer ansonsten ungeschützten Seite eines Beetes ein möglichst breites Kräuterbeet anzulegen.

Gelegentlich werden dazu auch Kresse, Petersilie oder Schnittlauch empfohlen. Aus praktischer Erfahrung sei hinzugefügt, dass die Petersilie ohne Schutz das Keimlingsstadium kaum übersteht und erst in ausgewachsenem Zustand ihre – wenn überhaupt vorhanden, dann schwache – Abwehrwirkung entfalten kann. Ebenso wird der Schnittlauch häufig selbst Opfer einer Schnecken-Angriffswelle.

Eine solche Abwehrpflanzung sollte nie als ausreichender Schutz betrachtet, sondern stets in Kombination mit anderen Maßnahmen vorgesehen werden, um im günstigen Fall das Ausmaß des Befalls nachhaltig zu mindern. Eine hundertprozentige Sicherheit jedoch ist davon nicht zu erwarten.

Grau behaarte, hartlaubige und aromatisch duftende Pflanzen bilden für die Schnecken eine unliebsame Barriere.

Zudem sei daran erinnert, dass es sich bei unseren Ziel-
objekten um Lebewesen handelt, und dass diese je nach
äußeren oder inneren Umständen anders und unvorher-
sehbar reagieren oder launisch sein können. Nur soviel lässt
sich sicher sagen:

- Die genannten Arten werden von den meisten Schnecken
  normalerweise gemieden.
- Je breiter der entsprechende Pflanzstreifen, desto größer
  die Wirksamkeit als Hindernis.
- Je feuchter die Witterung, desto geringer ist die Wirkung
  als Hindernis.

Leider lässt sich insbesondere die Spanische Wegschnecke
vom Aroma der Kräuter nur gering beeindrucken; man trifft
sie überraschenderweise im Schatten der Zitronenmelisse
oder entdeckt sie sogar, wie sie auf Lavendel- oder Rosmarin-
sträuchern herumklettert. Offensichtlich ist sie aus ihrer süd-
ländischen Heimat solche kräftigen Düfte gewöhnt.

## Unbeliebte Aromen

Da sich Abwehrpflanzungen und große Distanzen nur in
manchen Gärten realisieren lassen, greifen Gärtner unter
anderen Umständen gerne auf Methoden oder Materialien
zurück, die weniger Platz benötigen und dennoch abschreckend auf die Weichtiere wirken.

## Wunderpflanze aus Indien

**Niem** oder Neem ist ein tropischer Baum der ursprünglich aus Indien stammt. Aus seinen Früchten wird ein biologisches Pflanzenschutzmittel hergestellt. Man kann mit den Samen oder dem Presskuchen, das ist der Rückstand, der bei der Ölproduktion übrig bleibt und im Handel erhältlich ist, einen Ring um gefährdete Pflanzen legen, den die Schnecken wegen ihres giftigen Aromas meiden.

Ein Hersteller bietet beispielsweise ein **Schneckengranulat** an. Die einzelnen Körnchen sind stark mit aromatischen Düften getränkt, die Schnecken nicht mögen, sie werden dadurch abgewehrt. Gerne bildet man damit Barrieren um wertvolle Einzelpflanzen. Weil der Mechanismus bei heftigem Regen unwirksam wird, muss nach einigen Wochen (wie in der Gebrauchsanweisung beschrieben) das Granulat erneuert werden (siehe Bezugsquellen Seite 124).

### Die Lösung liegt im Kaffeesatz

Seit man entdeckt hat, dass eine Koffeinlösung Nacktschnecken töten kann, wurde **Kaffeesatz** zuerst als Geheimtipp gehandelt und mittlerweile von vielen Gärtnern als Hausmittel gegen Schnecken angewendet. Dieses Material fällt in vielen Haushalten täglich an und lässt sich daher kostenneutral beschaffen. Bei größerem Bedarf kann man sich auch die Rückstände bei einem ansässigen Kaffeehaus-Betreiber in der Nachbarschaft holen.

**TIPP** Um Kaffeesatz als Schneckenbarriere zu nutzen, kann man ihn mit Sand vermischt um die Beete streuen. Die Wirkung ist in erster Linie auf den Geruch des Koffeins zurückzuführen, das auf Schnecken giftig wirkt. Stehen nur kleine Mengen zur Verfügung, so kann man damit bei Neupflanzung von gefährdeten Pflanzen einen dichten Ring um sie herum streuen.

Im Beet zeigt der Kaffeesatz manch positiven Nebeneffekt: Er lockt auch Regenwürmer, gleicht einen überhöhten Kalkgehalt der Erde aus und fördert eine lockere Bodenstruktur.

## Flüssigpräparate zur Schneckenabwehr

Statt in Form fester Streumittel können schneckenabwehrende Stoffe auch in flüssiger Form ausgebracht werden. Zum Beispiel kann man statt des Satzes auch eine **Kaffeelösung** auf die Erde und Pflanzen sprühen. Je höher deren Konzentration, desto weniger werden die damit benetzten Blätter angefressen oder auch nur besucht. Schon eine auf ein Zehntel verdünnte Tasse Kaffee bewirkt, dass sich nach schüchternen Versuchen des Anknabberns die Aktivitäten der Schnecken merklich verringerten.

Auch **(Apfel-)Essig** wird eine solche Wirkung nachgesagt. Bei einer Anwendung ist allerdings zu beachten, dass die

Säure gleichzeitig den Nährstoffhaushalt der Pflanzen oder des Bodens durcheinanderbringen kann.

Manche Pflanzen besitzen schneckentötende Inhaltsstoffe: Zu diesen zählen Efeu und Lavendel, Wurmfarn und Seifenkraut, Holunder, Schafgarbe und Wermut.

Wenn man mit diesen **Pflanzen** eine **Jauche** ansetzt, kann man diese ebenfalls rund um die Beete gießen, mit dem Ziel, Schnecken abzuschrecken. Vom Wurmfarn beispielsweise lässt man 100 g frisches Kraut bzw. 1 kg Trockensubstanz pro Liter Wasser in einem nicht-metallischen Behälter mehrere Wochen lang offen gären. Vergossen wird davon eine 1:10 verdünnte Lösung.

Eine selbst hergestellte Jauche duftet nicht gerade vornehm, kann aber Schnecken fernhalten.

**TIPP** Manche Gärtner berichten, dass sogar ein **Kompostauszug** abschreckend auf Schnecken wirkt. Man löst dazu etwa 1 Liter Kompost in 10 Liter Wasser und verdünnt den Auszug vor dem Vergießen.

Um vom Rhabarber eine **Brühe** anzusetzen, weicht man etwa drei Blätter 24 Stunden lang in einem 10-Liter-Eimer ein und erhitzt das Ganze; an einem heißen Tag genügt es, den Eimer in der Sonne zu platzieren. Mit der abgesiebten Brühe wird dann die Umgebung der Pflanzbeete überbraust.

Ein Wermutstropfen allerdings ist die Tatsache, dass derart abschreckende Düfte vom Regen rasch abgewaschen und unwirksam werden. Die Erfolgsmeldungen bezüglich solcher Flüssigpräparate halten sich daher in Grenzen.

### Geheimtipp Lebermoos

Moose verteidigen sich gegen Schädlinge durch eine Vielzahl von sogenannten sekundären Pflanzenstoffen, die teilweise als Fraßhemmer wirken. Man kam deshalb auf die Idee, Auszüge von Moosen auf ihre Wirkung gegen Nacktschnecken wissenschaftlich zu untersuchen – und wurde fündig!

Als besonders effektiv erwies sich das Lebermoos (*Porella obtusata*). Dazu wurden die Pflänzchen zerkleinert und zu einer 5-prozentigen alkoholischen Lösung angesetzt.

Feldversuche an der Landesanstalt für Pflanzenbau und
Pflanzenschutz Mainz bestätigten die ausgezeichnete Wirksamkeit gegen Nacktschnecken erneut. Zusätzliche Vorteile:
Die Schnecken werden nicht geschädigt oder getötet,
sondern nur davon abgehalten, die behandelten Pflanzen
anzuknabbern. Und gleichzeitig beugt der Extrakt äußerst
erfolgreich gegen zahlreiche Pilz-Schädlinge vor.

**TIPP** Mittlerweile ist der fertige Auszug unter
der Bezeichnung »Lebermooser« bei eini-
gen Internethändlern als Pflanzenstärkungsmittel erhältlich.

### Wirkungsvoll – aber nicht jedermanns Geschmack

Unumstrittene Erfolge erzielt ein ziemlich unappetitliches
Gebräu: Man nehme dazu eine größere Menge gesammelter
Schnecken, übergieße sie in einem alten Eimer mit kochen-
dem Wasser und decke das Ganze möglichst dicht ab, denn
innerhalb der nächsten ein bis zwei Wochen werden die
Ausdünstungen ziemlich unerträglich. Anschließend wird die
Brühe auf das 10- bis 20-fache verdünnt, wobei man die
Grobbestandteile absieben sollte.

Eine solche **Schneckenjauche** aus toten Tieren wirkt abschreckend auf die lebendigen Artgenossen. Deshalb erfüllt
sie den gewünschten Abwehreffekt, wenn man sie um die
gefährdeten Beete herum auf dem Boden vergießt.

**TIPP** Es ist sinnvoll, parallele Wege zwischen den Beeten zu überbrausen, sodass die Schnecken dem unangenehmen Geruch nach vorne und hinten ausweichen können.

Allerdings ist unbedingt darauf zu achten, dass mit der Brühe keinesfalls Nahrungspflanzen benetzt werden. Und das nicht nur, weil einem allein bei der Vorstellung schnell der Appetit auf das Ernten vergeht: Angesichts der giftigen Stoffe, die bei der Zersetzung entstehen, hat dieselbe Vorsicht zu walten wie bei chemischen Präparaten.

Damit sie anhaltend wirken, müssen diese Duftmarken gelegentlich erneuert werden, insbesondere nach regnerischer Witterung. Dabei darf man nicht den Fehler machen, eine Beetfläche systematisch einzukreisen, wenn sie nicht zweifellos frei von Schnecken ist. Denn der Effekt wäre, dass die umzingelten Tiere dann nicht mehr entfliehen können.

## Aufgestreute Hindernisse

Es lässt sich zum Beispiel mithilfe von Streumaterialien ein Untergrund schaffen, der den Schnecken Feuchtigkeit entzieht. Und dieser stetige Verlust behindert natürlich ihre Fortbewegung. Entscheidend für die Wirksamkeit solcher Maßnahmen ist, dass kein noch so schmaler Durchlass ungeschützt bleibt.

## Nackenschlag durch Niederschläge

Die meisten gebräuchlichen Materialien haben jedoch einen eindeutigen Nachteil: Wenn sie durch reichhaltige Niederschläge aufgeweicht oder aufgelöst werden, verlieren sie an Wirksamkeit – also gerade dann, wenn die Aktivität der Schnecken am größten ist!

Wenn dieser Fall eintritt, dass also extra ausgelegtes Streumaterial durch Kontakt mit Wasser unwirksam wird, dann ist besonders auf eine gezielte Bewässerung zu achten. Eine Benetzung der Schutzschicht sollte dabei tunlichst vermieden werden.

## Welche Materialien sind geeignet?

- In manchen Gärten fallen **Koniferennadeln** in großen Mengen an. Über dieses Naturmaterial kriechen Schnecken äußerst ungern, aber um nachhaltig zu wirken, wäre auch hiervon ein möglichst breiter Streifen wünschenswert.
- Stroh ist teilweise recht scharfkantig und nimmt zudem kaum Feuchtigkeit auf. Daher wird es von den Schnecken ungern überwandert. Dasselbe gilt für fein gehäckselte Äste. Diese sind allerdings langlebiger, weil sie langsamer verrotten. Achtung, beide Materialien verbrauchen bei der Rotte Stickstoff (siehe Seite 103)!
- Wenn man **Farnwedel** oder **Tomatenblätter** zwischen gefährdeten Pflanzen auslegt, tragen diese durch ihr Aroma dazu bei, dass die Schnecken verwirrt werden und nicht so leicht ihre Nahrungspflanzen finden.

# TIPP

**Branntkalk** ist eine sehr aggressive Form von Kalk, die auch die Schnecken beeindruckt, aber nur gezielt eingesetzt werden sollte: Mit Blick auf seine Beeinflussung des Untergrunds kann Branntkalk bestenfalls für schwere Böden empfohlen werden.

- Vom **Sand** wäre ein mindestens meterbreiter Streifen erforderlich, um die Schnecken wirkungsvoll aufzuhalten.
- Wege aus **Rindenmulch** wirken nur in frischem Zustand und bei trockener Witterung als Hindernis.
- **Cartalit** ist ein käufliches Produkt, das Schnecken nicht behagen soll, aufgrund von Beimischungen wie Tabak (Gift!) und gehäckseltem, kantigem Schilf.
- Unempfindlich gegen Regen sind kantige, zerkleinerte **Eierschalen**. Allerdings stehen sie in der Regel nur in geringen Mengen zur Verfügung. Deshalb wird man sie einsetzen, um einzelne Pflanzen durch einen Streukreis zu schützen.
- **Kochsalz** (Natriumchlorid) eignet sich nicht nur als tödliches Streumittel gegen Schnecken (siehe Seite 48). Bereits ein Substrat mit einer hohen Salzkonzentration wird von den Tieren gemieden. Man müsste für einen Abwehreffekt allerdings 200 g Salz pro Quadratmeter aufstreuen. Doch es gibt leider nur wenige Pflanzenkulturen, die einen derart hohen Salzgehalt des Bodens vertragen, wie zum Beispiel der Spargel oder die Sellerie.
- Auch Bodenverbesserungsmittel wie **Gesteinsmehl** eignen sich als Zuwanderungsbarrieren (siehe Seite 98).

Hundertprozentigen Schutz bietet freilich keines dieser Materialien – man hat schließlich schon Schnecken beim Überklettern von Rasierklingen beobachtet.

### Leicht und kostenlos verfügbar

Ein ebenso billiges wie leicht erhältliches Material ist **Säge-mehl**. Damit es seine Wirkung nicht verfehlt, sollte es mehre-re Zentimeter dick und mindestens einen halben Meter breit ausgebracht werden. Nach Regenfällen empfiehlt es sich, das Material zu lockern, damit es rasch wieder austrocknet und nicht schimmelt und seine schneckenabwehrende Wirkung wieder entfalten kann. Das Gleiche gilt für **Getreidespreu**.

**Holzasche** wirkt ätzend; noch stärker als Kalk- und Kalidünger. Außerdem enthält sie Rückstände von Schwermetallen und sollte nur zurückhaltend verwendet werden. Kohlenasche ist aus diesem Grund gänzlich ungeeignet.

Gehäckseltes Stroh oder andere scharfkantige Materialien behin-dern den Zugang für die schleimigen Kriecher.

Am ehesten eignet sich Holzasche, um empfindliche Pflänzchen individuell zu schützen. Zu diesem Zweck umstreut man sie einzeln mit einem Aschekreis.

Entscheidender Nachteil von Holzasche: Sie wird rasch ausgespült und muss daher nach Niederschlägen ständig neu ausgestreut werden. Auch sollte sie wegen der hohen Schwermetallbelastung im Garten nur vorsichtig eingesetzt werden.

## Unüberwindliche Grenzen

Sogenannte Schneckenzäune gehören nun schon seit Jahrzehnten zu den bekannten wie beliebten Möglichkeiten, der Schneckenplage im Garten Herr zu werden. Aufgrund ihrer Bauweise – und wenn man gewisse Begleitumstände beachtet – sind sie nämlich für die allermeisten Kriechtiere ein unüberwindliches Hindernis.

**Verschiedene Bauweisen, verschiedene Preise**
Schneckenzäune bestehen meist aus Metall; Kunststoffzäune haben eine geringere Haltbarkeit. Sie werden so aufgestellt, dass sie gut 10 cm aus dem Erdboden ragen. Ihre Oberkante ist so stark nach außen zurückgebogen, dass sich ein deutlicher Überhang ergibt, den Schnecken in der Regel nicht überwinden können. Es gibt im Handel auch noch andere Bauarten und Mechanismen, die hier in der Folge vorgestellt werden.

# TIPP
Die billigste Lösung bietet der **Eigenbau**. Dies erfordert allerdings handwerkliches Geschick. Man kann dazu ein verzinktes Blech verwenden, oder – noch billiger, aber genauso wirkungsvoll – einen möglichst engmaschigen (< 3 mm), stabilen Draht. Das Material wird in 25 bis 30 cm breite Streifen geschnitten und das obere Ende wie beschrieben umgeknickt.

Die aus praktischen Erfahrungen heraus entwickelte Grundform mit der umgebogenen Oberkante wird heutzutage fast in jedem Gartencenter angeboten. Diese Kante kann rund gebogen sein oder besitzt einen scharfen Knick. Bei einem Fabrikat ist der Überhang zusätzlich gezackt, bei einem anderen Kunststoffzaun wird die Kante von einer stachelbesetzten Fläche ersetzt, die den Schnecken die Fähigkeit von Fakiren abverlangt, sollten sie ihn überwinden wollen.

Es lohnt, sich etwas umzuschauen, denn zwischen den verschiedenen Bauweisen gibt es gehörige Preisunterschiede von wenigen Euro bis über 10,– € pro Meter. Bei einem größeren Beet kommen so beträchtliche Kosten bzw. Preisunterschiede zustande. Selbstverständlich korreliert der Preis mit den bautechnischen und optischen Eigenschaften – da muss jeder das für seinen Geschmack und seinen Anwendungsbereich beste System finden. Langfristig lohnt sich eine größere Ausgabe meist, wenn die Beete dann ordentlich umzäunt sind und das Schneckenproblem weitgehend gelöst ist.

Es gibt auch Beetrandsysteme aus Beton, die einen schnecken-abweisenden Überhang aufweisen.

**Hinweise zur Installation eines Schneckenzauns**

Da Zäune leicht von kleinen Tieren unterwandert werden können, wenn sie nicht absolut dicht mit dem Boden ab-schließen, sollte man die üblichen Modelle etwa 10 cm tief im Boden versenken. Aus diesem Grund muss der Zaun grundsätzlich insgesamt etwa 20 bis 25 cm hoch sein. Meist werden die Zaunabschnitte ineinandergeschoben, sodass sie einige Zentimeter überlappen. Für die Ecken gibt es extra Einsätze, damit sich dort nicht mit der Zeit Lücken bilden, durch die manche Schnecken Eingang finden. Bei einigen Systemen wird die Verankerung durch zusätzliche Steckelemente in bestimmten Abständen stabilisiert, was die dauerhafte Stabilität der Installation fördert.

Zugegeben: In einem naturnahen Garten wirken die geraden und extra künstlich freigehaltenen Metallstreifen etwas fremd. Manche Systeme sind aus diesen Gründen grün oder braun gefärbt und fügen sich so relativ unauffällig ins Gartenbild.

## Zäune unter Strom

Zu den ersten Bauweisen, die auf den Markt kamen, gehörten Elektrozäune. Sie bestehen aus Kunststoff und kommen ohne Knick aus; stattdessen befinden sich an der Oberkante zwei Drähte, die an einem Ende des Zauns an eine Batterie angeschlossen sind. Das hat zur Folge, dass den Schnecken beim Versuch, über diese Drähte zu klettern, ein Stromschlag versetzt wird.

Diese Art Zäune gibt es nach wie vor auf dem Markt, sie weisen aber einen entscheidenden Nachteil auf: Bei regnerischer Witterung, also in Zeiten höchster Schneckenaktivität, wird die Stromversorgung häufig außer Funktion gesetzt, weil die Nässe Überbrückungen schafft und damit Kurzschlüsse hervorruft. Elektrozäune sind deshalb nur als vorübergehender Schutz zu empfehlen. Dies bedeutet auch, dass beim Gießen darauf geachtet werden muss, die Zäune nicht unter Wasser zu setzen.

## Elegante Kupferbänder

Zäune oder auch andere Umgrenzungen aus Kupfer arbeiten vermutlich ebenfalls mit leichten Stromschlägen. Die Tatsache, dass Schnecken nicht gerne über Kupfer kriechen, erklärt man sich unter anderem mit den Oxiden, die spätestens durch den Kontakt mit dem Schneckenschleim entstehen und einen Stromfluss verursachen sollen. Noch einfacher liegt die Sache, wenn man weiß, dass die entstehenden Oxidationssalze schneckengiftig sind, was die Tiere genau spüren.

**TIPP** Ein Vorteil der Kupferbänder ist, dass sie wesentlich preisgünstiger sind als die handelsüblichen Schneckenzäune aus Zinkblech, auch fallen sie kaum unangenehm ins Auge.

Der Fachhandel bietet Zäune mit einem Kupferband oder einfach nur selbstklebende Kupferbänder, die man dicht um den gefährdeten Bereich auf dem Boden fixiert. Wer besonders sparsam sein will, befreit ein nicht mehr benötigtes Kupferkabel von seiner Hülle und erhält so kräftige Kupferfäden.

Das Beste an diesem Material: Weil die Wirkung von dem oxidierten Kupfer ausgeht, wird sie – ganz im Gegensatz zu elektrischen Schneckenzäunen – bei der von den Schnecken bevorzugten, feuchten Witterung nicht beeinträchtigt, im Gegenteil!

**Wie Kühe mögen auch Schnecken keine Stromschläge. Deshalb werden manche Zäune mit Batterien betrieben.**

**Netze, Kragen und Hüte**

Sofern man die Abgrenzung dicht hält, eignen sich grundsätzlich auch die für die Pflanzenkultur bekannten Folien, Vliese und Netze, um Schnecken fernzuhalten. Allerdings muss dann sichergestellt sein, dass sich nicht schon vor dem Auflegen eine Schneckenpopulation auf der Fläche befindet (siehe weiter unten).

Ein Vlies zum Beispiel, das man im Frühjahr auflegt, um die Kultur etwas wärmer zu halten, müsste rundum 8 bis 10 cm tief eingegraben werden, um Schnecken auszuschließen. Später im Jahr wird man eher auf eines der Pflanzenschutznetze zurückgreifen, wie man sie gegen Vögel auflegt. Entscheidend ist in jedem Fall das Eingraben der Ränder.

Pflanzhüte, die man ebenfalls aus klimatischen Gründen über einzelne Pflanzen stülpt, bilden genauso ein Hindernis, aber keines, das nicht überwunden werden könnte. Dagegen sind Pflanzkrägen speziell für den Einsatz als Abwehr gegen Schnecken gedacht. Man legt sie um die Stängel einzelner Pflanzen, sodass sie den Zugang zum Laubwerk behindern.

**Unerlässliche Begleitmaßnahmen**

Jede Art von Schneckenzaun wird wirkungslos, wenn angrenzender Bewuchs überhängt und somit Brücken für die Schnecken bildet – selbst wenn es sich »nur« um einzelne Grashalme handelt. Daher ist die direkte Umgebung außerhalb des Zauns sorgfältig freizuhalten. Eine Plattenumrandung

Das überhängende Mangoldblatt bildet eine Brücke, die den ganzen Schneckenzaun unwirksam machen kann.

beispielsweise hilft, dem Gartenbesitzer, einen allzu häufigen Rasenschnitt zu ersparen.

Wenn man den Schutzzaun aufstellt, können diejenigen Schnecken, die sich bereits innerhalb der umgrenzten Fläche befinden, sich konkurrenzlos den Bauch vollschlagen. Deshalb ist es besonders wichtig, diese Tiere möglichst rasch zu beseitigen, bevor sie größeren Schaden anrichten. Erst danach ist die Fläche innerhalb des Zauns wirklich eine Schneckensperrzone mit dem gewünschten Effekt!

# TIPP

Es empfiehlt sich, nach dem Aufstellen eines Schneckenzauns die verbliebenen Schädlinge möglichst rasch abzufangen.

Zum Beispiel, indem man sie in Bierfallen lockt (siehe Seite 55) oder ihnen künstliche Schlupfwinkel anbietet, unter denen man sie regelmäßig absammelt (siehe Seite 48), bis der Nachzug an Schnecken versiegt.

Sofern die Grenze dicht ist, wird die Schneckenpopulation auf diese Weise immer kleiner und verschwindet schließlich gänzlich. Solche Maßnahmen sollte man auch dann ergreifen, wenn zum Beispiel durch eine Kompostgabe die neuerliche Gefahr besteht, dass Schnecken eingeschleppt wurden – oder wenn überhängender Bewuchs vorübergehend einen Zugang eröffnet hat.

Ist das Gelände dann endlich schneckenfrei, darf innerhalb des Zauns auch wieder hemmungslos mit Mulch gearbeitet und nach Belieben gegossen und gelockert werden (siehe Seite 94) – sofern man dabei keine Tiere einschleppt, siehe Seite 103.

Die Dichtheit und Unversehrtheit des Schneckenzauns sollte in regelmäßigen Abständen überprüft werden, denn durch Witterungseinwirkungen oder Besuche größerer Tiere entstehen schnell Lücken – je labiler die Konstruktion, desto rascher.

# Anbautricks im schneckenbedrohten Garten

Wohl fast jeder Gärtner hat schon die traurige Erfahrung gemacht, dass Salatköpfe gnadenlos zerfressen werden, während die Pflanzen in der Nachbarschaft im Beet nahezu unbehelligt gedeihen.

## Welche Pflanzen sind am meisten gefährdet?

Schon nach kurzer Beobachtung wird deutlich, dass die Schnecken nicht jedes grüne Blättchen gleichermaßen verzehren. Mindestens genauso wichtig wie die Pflanzenart ist das Wachstumsstadium. Perfiderweise haben es die Schnecken auf verletzte und kränkelnde Pflanzen abgesehen, vor allem aber auf die gerade aufkeimenden Sämlinge sowie auf frisch gesetzte Jungpflanzen.

### Besonders gefährdete Gemüse- und Obstarten

- Keimlinge aller Art, insbesondere von Doldenblütlern wie Möhren, Petersilie und Sellerie.
- Alle Salate, Bohnen und Erbsen (Saatgut wie Früchte), Chinakohl, Blumenkohl und sämtliche anderen Kohlarten sowie Zucchini, Basilikum und Erdbeeren.

**Besonders gefährdete Blumen**

- Keimlinge aller Arten; Sommerblumen: besonders Sonnenblumen, Sommerastern, Tagetes und Zinnien; Zwiebeln von Narzissen, Hyazinthen, Dahlien und Gladiolen sowie alle geschwächten Blumenzwiebeln.
- Stauden: Primeln, Glockenblumen, Lupinen, Funkien, Schwertlilien, Rittersporn, Chrysanthemen und Kissenastern; Kübelpflanzen: Engelstrompete.

## Pflanzen, die Schnecken nicht mögen*

Wenn die Umgebung ideale Bedingungen für die Schneckenzucht bietet und alle Bemühung um das Überleben der Pflanzenlieblinge einem Kampf gegen Windmühlen gleicht, dann kann man theoretisch die Flucht nach vorne antreten – nämlich den gärtnerischen Ehrgeiz nur noch auf solche Pflanzen zu konzentrieren, die weitgehend von Schnecken aller Art verschont bleiben.

### Wenig Widerstand im Gemüsebeet

Im Grunde findet man für alle Gartenbereiche Arten, deren Farben- und Formenreichtum auch bei einer derart eingeschränkten Auswahl noch viel Freude bereiten kann. Speziell im Nutzgarten allerdings wird das Auswahlspektrum massiv reduziert, wodurch sich bedauerlicherweise auch der Speiseplan etwas einseitig gestaltet.

---

* siehe auch die Listen im Anhang Seite 120 ff.

### Verschmähtes Gemüse

- Rotblättrige Sorten, Fenchel, Zwiebeln, Lauch, Tomaten und Topinambur.

Dieser Liste fügen manche Gärtner noch den Sellerie hinzu. Aber dieser muss erst das Jugendstadium heil überstehen, bis er nicht mehr zum Nahrungsspektrum der Schnecken gehört.

Interessant ist noch, dass Schnecken rotblind sind und deshalb rotblättrige Salatsorten und Gemüsearten von ihren Augen schlechter wahrgenommen werden. Man darf sich dadurch zwar nicht in Sicherheit wiegen, aber größer sind die Überlebenschancen solcher Pflanzen allemal.

Rotblättrige Pflanzen werden von den Schnecken schlecht wahrgenommen und deshalb häufiger verschont.

**TIPP** Unter den mehrjährigen Arten gibt es sogar große Pflanzenfamilien, die man nahezu bedenkenlos in jedem Schneckengarten ansiedeln kann: die Gräser und die Farne, welche garantiert nicht auf dem Speisezettel von Schnecken stehen.

## Vielfalt im schneckenfeindlichen Blumengarten

Freilich muss man auf den einen oder anderen Pflanzenschatz verzichten, wenn man sich im Blumengarten weitgehend mit schneckenresistenten Arten bescheidet. Doch es bleibt eine erstaunlich große Auswahl an Pflanzen für so gut wie jeden Standort.

Nicht nur Stauden haben sich als widerstandsfähig bewährt, sondern überraschenderweise auch zahlreiche der sonst so zarten Sommerblumen, die jedes Jahr erneut das Keimlingsstadium überwinden müssen – und dennoch den Einfall der Kriechtiere überstehen. Noch einfacher ist es im Bereich der Gehölze. Und selbst in den sonst so gefährdeten Schattenbereichen gibt es mit Efeu und Rhododendron Säulen des Widerstands. Doch natürlich sind größere Ziergehölze allein aufgrund ihrer Dimension von vornherein weitaus weniger in ihrer Existenz bedroht als kleine Pflanzen, die für die hungrigen Angreifer nur ein Appetithappen sind.

Eine ausführliche Liste schneckenresistenter Zierpflanzen und Gehölze finden Sie ab Seite 120.

# Vorbeugende Anbau- und Pflegemaßnahmen

Weil Möhren oder Dill langsam keimen, gelingt es den Schnecken häufig, ganze Saatreihen abzuraspeln, sodass man die Keimlinge nie zu Gesicht bekommt.

Nach Vorstellung biologisch-dynamischer Gärtner herrscht bei den **Jungpflanzen**-Setzlingen ein Ungleichgewicht zwischen der reduzierten Wurzel und dem im Wachstum befindlichen oberirdischen Spross. Und ein solches Ungleichgewicht zieht Parasiten aller Arten an. So braucht man sich nicht zu wundern, wenn bereits am Morgen nach der Pflanzung oft nur noch Gerippe auf dem Beet stehen.

Im **Gewächshaus** erwachen nicht nur die Pflanzen, sondern auch die Schnecken jahreszeitlich früher zum Leben. Am Rand des Fundaments finden sie meist perfekte Schlupfwinkel. Deshalb müssen hier auch frühzeitig entsprechende Abwehrmaßnahmen getroffen werden.

TIPP Eine dichtbepflanzte **Mischkultur** kann anziehend auf Schnecken wirken, weil hier der Boden dauerhaft beschattet wird und es in nächster Nähe immer Verstecke gibt. Das heißt, dass trotz günstiger Wachstumsbedingungen für die Pflanzen nicht auf Begleitmaßnahmen verzichtet werden sollte.

**TIPP** Viele Samen keimen rascher, wenn man sie **vorquellen** lässt. Dazu werden sie zwischen zwei nasse Papiertücher gelegt. Häufig kann man schon am nächsten Morgen kleine Austriebe entdecken. Danach dürfen die Keimlinge allerdings keinesfalls mehr austrocknen. Die großen Bohnen- und Erbsensamen legt man am besten über Nacht in Wasser.

## Optimale Bedingungen zur Keimung

Es lohnt sich, ergänzend zu den allgemeinen Schutzmaßnahmen, die Startbedingungen der Sämlinge zu optimieren, damit sie möglichst rasch aus dem am stärksten gefährdeten Stadium herauswachsen.

Dies beginnt schon mit der **Auswahl** der jeweiligen Pflanzen: Man sollte im Hinblick auf die Standorteigenschaften passende **Arten und Sorten** bevorzugen. Ausschlaggebend sind dabei die Faktoren Boden, Wärme, Licht und Wasser.

Natürlich müssen die Samen kräftig angedrückt, mit feinkörnigem Substrat überdeckt (außer bei Lichtkeimern) und mit der feinen Brause gut angegossen werden, damit sie Bodenschluss bekommen. In den Randbereichen sollte die Fläche möglichst eben sein, damit sie den Schnecken weder Unterschlupf noch Zugang zu den Samen bietet. Sind alle diese Bedingungen erfüllt, kann man davon ausgehen, dass wesentlich mehr Pflanzen das Erwachsenenalter erreichen.

**Bodenwärme fördern**

Wichtig: Je **wärmer** die Umgebungsbedingungen, desto erfolgreicher verläuft in der Regel die Keimung. Deshalb empfiehlt es sich, die Erwärmung des Bodens zu fördern:

- Für die Frühjahrs-Aussaat ist ein möglichst sonniges Plätzchen zu wählen.
- Lieber etwas später säen, anstatt sich schon von den ersten Sonnenstrahlen ans Saatbeet locken zu lassen.
- Wenn man die Saatrillen einige Tage vor der Aussaat anlegt und etwas (dunklen) Kompost hineinstreut, kann sich der Untergrund rascher erwärmen.
- Unter Vlies oder Folie sowie im Gewächshaus herrschen um einige Grade höhere Temperaturen als in der Umgebung. Schnecken nisten sich gerne an den Fundamenten von Gewächshäusern und Frühbeeten ein.

**Wenn die Samen langsam keimen wie bei Möhren (vorne), werden sie am leichtesten zum Schneckenopfer.**

TIPP Es ist wichtig, ausschließlich **gesunde, unbeschädigte** Jungpflanzen ins Beet zu setzen. Deshalb sollte man jeweils nur die größten, gleichwohl kompakten Pflänzchen mit einer kräftigen grünen Blattfärbung auswählen.

## Fachgerecht pflanzen

Durch das Versetzen aus dem Saatbeet an den endgültigen Standort erleiden die Jungpflanzen einen Umpflanzschock: Nun müssen sie sich erst einmal ein paar Tage erholen. Schwächliche oder verletzte Pflanzen üben aber eine magische Anziehungskraft auf Schnecken aus. Deshalb benötigen sie in den ersten Wochen besonderen Beistand.

Für die Wurzeln bedeutet das Auspflanzen immer eine gewisse Verletzung. Aus diesem Grund ist eine Vorkultur zu bevorzugen, bei der ein **intakter Wurzelballen** erhalten bleibt, zum Beispiel in Multitopf-Platten oder Torfquelltöpfen.

Werden die Pflänzchen in geschützten Räumen vorkultiviert, so muss man sie rechtzeitig vor dem Auspflanzen **abhärten**. Eventuell werden sie auch schon ins Freie gestellt, ohne sie allerdings direkt der Sonne auszusetzen, weil es dort zu Verbrennungen kommen kann. Aus diesem Grund wartet man einen bewölkten Tag ab und stellt die Jungpflanzen zunächst für einige Stunden ins Freie, um dies am nächsten Tag zu wiederholen.

## Begleitschutz für die Schwächsten

Selbst wenn man für den Pflanzennachwuchs die denkbar besten Voraussetzungen geschaffen hat, empfiehlt es sich, zur Sicherung des Wachstums noch einen Schritt weiterzugehen: Schon auf engstem Raum lassen sich die Schnecken durch verschiedene Maßnahmen von den begehrten Sämlingen und Setzlingen fernhalten bzw. ablenken. Ein dicht umzäuntes Beet gilt als besonders sicher. Voraussetzung ist allerdings, wie bereits erwähnt, dass alle Schnecken innerhalb der Umzäunung gründlich entfernt wurden.

Wer das nicht bieten kann, der sollte einzelne Pflänzchen oder Saatbereiche mit einer abweisenden Unterlage umgeben. Sägemehl, Gesteinsmehl, Kalk, Holzasche oder zerkleinerte Eierschalen beispielsweise sind geeignete Materialien, die von den Schnecken ungern überkrochen werden. Schneckengranulat hält die Tiere durch abwehrende Gerüche von den verbotenen Bereichen fern. Wie schon auf Seite 72 beschrieben, werden viele dieser Schutzringe allerdings durch Nässe unwirksam und müssen dann erneuert werden.

TIPP In **Mischkulturen** sind die Pflänzchen besser aufgehoben als in einem einheitlich bepflanzten Beet. In wechselseitig förderlichen Kombinationen gedeihen sie besser und eine artenreiche Umgebung kann die Angreifer verwirren.

Wenn man den gefürchteten Kriechtieren in gewisser Entfernung abgeschnittenen Gelbsenf, Salatblätter oder zerkleinerte Küchenabfälle zum Fraß vorwirft, also die auf Seite 52 erwähnten Köder, so lenken diese Leckerbissen vom zarten Aufwuchs ab.

Schutzmaßnahmen dieser Art empfehlen sich auch für empfindliche Austriebe wie zum Beispiel die der Dahlienknollen.

**Gezielt bewässern**
Da der Wasserhaushalt zu den wichtigsten Lebensgrundlagen der Schnecken gehört, kommt auch den Bewässerungsmaßnahmen des Gärtners eine wesentliche Bedeutung zu.

Wir wissen ja: Je trockener die Bedingungen, desto geringer die Gefährdung durch Schnecken. Gleichzeitig aber sind die Pflanzen auf Wasser angewiesen. Deshalb kommt es darauf an, dass man durch wohl dosierte und gezielte Wassergaben einen Kompromiss zwischen diesen beiden Zielen erreicht: Gießen mit Fingerspitzengefühl ist also angesagt.

Völlig falsch wäre es beispielsweise, am Ende eines jeden heißen Tages den Garten mit Sprengern breitflächig zu beregnen; auf diese Weise schafft man für die Schnecken die garantiert besten Bedingungen für ihre nächtlichen Aktivitäten.

Deshalb: Nicht breitflächig beregnen, sondern möglichst gezielt an die Wurzeln der bedürftigen Pflanzen gießen.

Eine möglichst zielgerichtete Wasserzufuhr ist zu bevorzugen gegenüber breitflächiger Beregnung.

- Wenn am Morgen bewässert wird, kann die Oberfläche bis zum Abend wieder abtrocknen. Die Zuwanderung zur Nachtzeit bereitet den Schnecken dann wesentlich mehr Mühe als auf einem abends angefeuchteten Untergrund.
- Seltenes, durchdringendes Gießen ist für die Pflanzen effektiver als häufiges Verabreichen kleiner Wassermengen – und es kommt den Schnecken weniger entgegen.
- Die Pflanzen lassen sich zu geringem Wasserverbrauch »erziehen«, wenn man sie von Beginn an nur bei offensichtlichem Bedarf gießt und nicht in regelmäßiger Routine.
- Die Bewässerung kann aber auch als **Ablenkung** benutzt werden. Das funktioniert ganz einfach, indem man Randbereiche, die keines Schutzes bedürfen, bewusst feuchter hält als die gefährdeten Beete.

# Bodenpflege: So wird's ungemütlich für die Schnecken

Wie wir bereits ausführlich erörtert haben, benötigen Schnecken tagsüber ein vor Sonnenbestrahlung geschütztes Versteck. Je weiter solche Unterschlupfmöglichkeiten von den Blumen- und Gemüsebeeten entfernt sind, desto größeren Aufwand müssen die Tiere für die tägliche bzw. nächtliche Zu- und Abwanderung treiben. Und desto geringer werden automatisch Befallsdichte und Schaden. Unbedachtes Vorgehen bei der Bodenbearbeitung, z. B. mit Mulch und Kompost, kann jedoch die Verbreitung der Schnecken geradezu fördern.

## Was Schnecken das Leben schwerer macht

Auf einem leichten, **sandigen** Untergrund hat man von vornherein bessere Karten als auf schwerem Tonboden. In Letzterem bilden sich häufiger Spalten, in denen die Schnecken Unterschlupf finden. Durch Augenschein und mittels einer Fingerprobe oder durch eine Laboruntersuchung kann sich jeder über seinen Gartenboden Klarheit verschaffen.

Langfristig ist ein **humoser,** feinkrümeliger Untergrund anzustreben. Er stellt das Optimum eines fruchtbaren Gartenbodens dar. Auf einem solchen garen Boden entstehen kaum Bodenrisse, und er braucht auch nicht umgegraben zu werden.

**TIPP** Von einer Flächenkompostierung sollte im Hinblick auf Schnecken vollends abgesehen werden. Verrottende Pflanzenabfälle auf den Beeten sind ein so verlockendes Angebot sogar für nachfolgende Generationen, dass die Tiere dort gleich noch ihre Eier ablegen.

## Der Einfluss bodenverbessernder Zusätze

Am wichtigsten für einen garen Boden ist die regelmäßige Zufuhr von Humus. Neben Kompost (siehe Seite 106) kommen hierfür (käuflicher) Mistkompost oder Rindenhumus infrage.

Aber auch durch chemische Zusätze lässt sich die Bodenqualität in gewissem Rahmen verbessern. Auch **Gesteinsmehl** hat einen günstigen Einfluss auf die Bodenstruktur und enthält wertvolle Spurenelemente. Tonmehl ist für leichte Böden zu bevorzugen, Urgesteinsmehl für schwerere.

Der optimale pH-Bereich für die meisten Gartenpflanzen liegt zwischen 5 und 7,5; auf alkalischen Böden (ab 7) treten die Schnecken vermehrt auf. Nur bei maßvoller Gabe fördert **Kalk** daher die Gare des Bodens. Kohlensaurer (Algen-)Kalk ist zu bevorzugen; Branntkalk darf nur unter Vorbehalt verwendet werden (siehe Seite 74). Wie mineralisches Kalisalz wirkt er allerdings ätzend und kann deshalb bei Kontakt Schnecken direkt vertreiben.

Die meisten **Dünger** sind für die Schnecken ausgesprochenes Kraftfutter. In mineralischer Form wirken sie auch eher ungünstig auf die Bodenstruktur. Vor allem aber bildet sich durch übertriebene Stickstoffdüngung zartes, plasmareiches Pflanzengewebe, welches den Schnecken besonders mundet.

TIPP  Die Düngegaben sollten daher möglichst maßvoll auf den jeweils aktuellen Bedarf abgestimmt werden; übertriebene Maßnahmen sind unbedingt zu vermeiden.

### Mechanische Maßnahmen

Mechanisches Lockern und Hacken des Bodens fördert die Belüftung und damit langfristig die erwünschte Bodengare.

Im Saatbeet ist es besonders wichtig, krümelig-humose Erde anzustreben. Dazu sollte man schon möglichst bald im Frühjahr mit dem **Hacken** beginnen und die Erdoberfläche fein zerkrümeln. Es empfiehlt sich, im Anschluss an das erste Hacken gleich die Schnecken abzusammeln.

Während des Vegetationsjahrs ist vor allem bei trockener Witterung regelmäßig oberflächlich zu hacken, um die Verdunstung zu unterbrechen; aber auch, um Risse und Spalten zu schließen, welche die Schnecken bei mangelnder Feuchtigkeit sonst gerne als Rückzugsorte nutzen.

Während Sternhacke und Krail den Boden fein krümeln, erzeugt der Sauzahn (2. von links) tiefe Furchen.

**Krail, Grubber** und **Kultivator** sind bei Schneckengefahr für die Bodenbearbeitung zu bevorzugen, weil diese Werkzeuge die Oberfläche eher glätten. Der Sauzahn hingegen verursacht einzelne, tiefe Spalten.

Beim maschinellen Fräsen einer Beetfläche werden zahlreiche Schnecken vernichtet. Um diese Wirkung zu verstärken, kann man ein paar Tage zuvor Pflanzenabfälle ausstreuen, um die Schnecken aus ihren Verstecken zu locken. Da dabei jedoch auch viele andere Bodentiere getötet werden, ist das Fräsen nur bedingt zu empfehlen.

Bei der Ernte entstandene Bodenunebenheiten sollten umgehend wieder **glattgerecht** werden.

TIPP Es lohnt sich, Möhren und andere Wurzelgemüse möglichst spät zu ernten, denn bei dieser Gelegenheit lassen sich häufig Eigelege finden, die man dann vernichten kann.

Das Umgraben ist nur bei schwerem Boden empfehlenswert. Aber auch bei der **herbstlichen Lockerung** mit der Grabgabel entstehen Bodenspalten, die Schnecken zur Eiablage animieren. Je weniger solcher geschützten Plätze jedoch zur Verfügung stehen, desto weniger Eier werden im Beet abgelegt, bzw. desto mehr erfrieren oder werden von anderen Tieren gefressen.

Wenn die genannte Maßnahme unumgänglich ist, sollte man einige Tipps beherzigen:

- Es lohnt sich, mit der herbstlichen Bodenlockerung bis nach den ersten frostigen Nächten zu warten, weil sich dann die Gefahr der Eiablage deutlich verringert.
- Wenn man anschließend Enten oder anderes Geflügel durch die Beete ziehen lässt, finden sie viele der aufgestöberten Tiere und ihre Eigelege.

### Worauf beim Mulchen zu achten ist

Im biologischen Garten fühlen sich Schnecken oft besonders wohl – bei reichlich Humus, in der Mischkultur und nicht zuletzt unter dickem Mulch. Denn bei diesen Bedingungen finden sie immer ausreichend schattige und feuchte Stellen.

TIPP Je größer die Schneckengefahr, desto dünner sollte man die Schicht halten. Diese muss allerdings immer wieder erneuert werden.

Als Mulchen bezeichnet man das Abdecken von Beetflächen. Diese Maßnahme soll u. a. helfen, die Bodenfeuchtigkeit zu erhalten, Unkräuter zu unterdrücken, und im Winter das Eindringen der Kälte zu behindern.

Eine Mulchschicht aus Mähgut ergibt ein nahezu ideales Biotop für Schnecken; ungetrockneter Rasenschnitt in dicken Schichten ist daher absolut tabu! Pflanzenabfälle wie Staudenschnitt, Laub und Ähnliches werden am besten zerkleinert und vorgetrocknet, bevor man sie – möglichst bei trockener Witterung – als Mulch ausstreut.

Eine dünne Mulchschicht bietet den Schnecken weniger Schutz und ist in dieser Hinsicht zu bevorzugen.

Im Gegensatz zu solchen Pflanzenabfällen bietet eine schwarze Mulchfolie aus Kunststoff keine Nahrung. Doch auch sie wird von den Schnecken liebend gerne als schützender Unterschlupf angenommen.

### Schneckenfeindliche Mulchmaterialien

Es hat sich als als wirksamer Schutz erwiesen, wenn das Mulchmaterial einen hohen Anteil von stark aromatischen **Kräutern** enthält. Als geeignet gelten Liebstöckel, Pfefferminze, Oregano, Wermut und Eberraute sowie Tomatenlaub. Selbst wenn man manche Gewürzpflanzen im Haushalt nur wenig nutzt, lohnt sich der Anbau im Garten. Allerdings muss daran erinnert werden, dass sich die Spanische Wegschnecke relativ wenig von solchen Aromen beeindrucken lässt.

Diese Methode wurde bereits im Kapitel über Hindernisse und Streumaterialien angesprochen, ebenso wie **Cartalit** sowie gehäckseltes **Stroh** bzw. **Schnittholz** (siehe Seite 73). Damit das Wachstum der Pflanzen nicht beeinträchtigt wird, sollte man den bei der Rotte verbrauchten Stickstoff durch entsprechende Düngemaßnahmen wieder zuführen.

TIPP **Rindenmulch** eignet sich als Mulchmaterial ausschließlich für die Ausbringung zwischen Gehölzen und robusten Stauden. Er kann die Schnecken nur in frischem Zustand und in sonniger Lage abwehren.

## Der richtige Zeitpunkt zum Mulchen

Wo nicht umgegraben wird, empfiehlt sich über den **Winter** häufig eine Mulchabdeckung. Diesen Wintermulch sollte man dann im **Frühjahr** wieder rechtzeitig entfernen, bevor die Sonne kräftig genug ist, um den Boden zu erwärmen. Wenn man geschickt ist, wird beim Abtragen der Mulchschicht auch ein Teil der Schneckeneier entfernt.

In der Periode der empfindlichen **ersten Aussaaten** wird man den Boden besser völlig unbedeckt lassen. Das fällt umso leichter, weil er die Mulchdecke dann gar nicht benötigt, denn die Verdunstungsverluste sind bei der vorherrschenden Witterung noch gering.

Es lohnt sich erst wieder ab dem späten Frühling, Mulch aufzutragen. Im **Sommer** erfüllt er seine Funktion am wertvollsten, vor allem auf leichten Böden. Im Herbst kann man im Hinblick auf die Eiablage der Schnecken den Boden wieder von der Mulchschicht befreien.

## Gründüngung nur gezielt einsetzen

Gründüngung bedeutet: Man sät (zumeist als Vor- oder Nachkultur) eine Pflanzenart ein, die den Boden gut durchwurzelt und die Fruchtfolge erweitert. Da diese Pflanzen nicht abgeerntet werden, erfolgt dabei außerdem eine Zufuhr von organischem Material, das sich beim Abbau in Humus verwandelt. Die Pflanzen werden einfach in den Boden eingearbeitet, oder man lässt einfach ihre Wurzeln den Boden auflockern.

TIPP Wie beim Mulchen gilt: Eine weniger dichte Bodenbedeckung wirkt auch auf die Schnecken weniger attraktiv. Deshalb sollte man bei starker Gefährdung die Gründüngung nicht zu dicht aussäen!

Der Nachteil: Unterhalb der geschlossenen Pflanzendecke können die Schnecken feuchtfröhlich existieren. Senf zum Beispiel ist sogar eine Lieblingsspeise der Schnecken; aus Gründen der Nahrungsvielfalt werden sie jedoch nicht versäumen, von einem derart bepflanzten Bett aus auch die Nachbarbeete heimzusuchen.

**Was zu beachten ist**

Am ungünstigsten wirkt sich eine Gründüngung bei einer Vorkultur im Frühling aus. Wer aus guten Gründen nicht darauf verzichten will, kann den Zugang vom Gründünger- zum Saatbeet mit einer Begrenzung verwehren. Noch besser: Wenn man die Gründüngung (samt Untermieter) einige Tage vor der Aussaat entfernt, kann nicht allzuviel passieren.

Relativ problemlos ist eine **herbstliche Gründüngung** mit nicht winterharten Arten. Weißklee und *Phacelia* werden von den Schnecken sogar weitgehend gemieden. Und ganz nebenbei kann man durch das Einarbeiten der heranwachsenden Pflanzen den Boden mit organisch gebundenem Stickstoff versorgen, der dann nach einigen Wochen wieder den Pflanzen zur Verfügung steht.

# Regeln für den Umgang mit Kompost

Die vordringliche Aufgabe der Schnecken im Naturkreislauf ist das Zerkleinern von Pflanzenabfällen, also der Abbau organischer Stoffe als Vorstufe zum Humusaufbau. Deshalb ist der Kompost grundsätzlich der passende Platz für die Fraßtätigkeit der Kriechtiere. In dem luftig aufgehäuften Gemisch aus organischen Abfällen finden sie denn auch optimale Lebensbedingungen.

Leider hat die Sache mehr als einen Haken: Zum einen bleiben die Schnecken nicht strikt auf dem Kompost, sondern lassen sich von jungen Pflänzchen gerne zu Ausflügen in die Beete locken. Vor allem aber legen die Schnecken mit Vorliebe ihre Eier in die sich anbietenden Zwischenräume des Komposts. Und wenn dieser dann auf die Beete verteilt wird, sind die schlüpfenden Jungtiere genau dort, wo wir sie überhaupt nicht gebrauchen können.

## Mit Bedacht aufsetzen

Eine erste Vorbeugungsmaßnahme besteht darin, die Miete weit weg von den gefährdeten Beeten zu platzieren. Es sollten möglichst mehr als 5 m sein, damit die Distanz nicht so leicht innerhalb einer Nachtwanderung überwunden wird.

Wenn aber doch eine Zuwanderung in die Beete zu befürchten ist und diese kaum zu unterbinden ist, so kann man abends die Schnecken, wenn sie aus ihren Verstecken her-

**TIPP** Tierische Substanzen üben eine besonders
starke Anziehungskraft auf Schnecken
aus – aber auch auf Ratten. Fleisch- und Fischabfälle sollte
man deshalb tunlichst vom Kompost fernhalten.

vorkriechen, von Hand absammeln und vernichten (siehe
Seite 43). Bierfallen sind am Rand des Komposts nicht zu
empfehlen – sie müssten angesichts der Schneckenmassen
regelmäßig entleert werden, und das wäre eine ziemlich
unappetitliche Angelegenheit.

Bei passender Materialmischung und fachgerechtem Aufset-
zen durchläuft der Kompost nach einiger Zeit die sogenannte
Heißrotte. In dieser Phase wird die Miete im Inneren auf bis
zu 70 °C erhitzt. Bei dieser Temperatur sterben Schneckeneier
ab und ausgewachsene Tiere werden vertrieben. Am sichers-
ten erreicht man solche Temperaturen während des Som-
mers in einem geschlossenen Behälter. Zu diesem Zeitpunkt
sind allerdings kaum Schneckeneier vorhanden.

Um das Kompostmaterial mit den Nährelementen Kalzium
und Stickstoff anzureichern, aber auch um es von Krankheits-
erregern zu befreien, streuen manche Gärtner zur Rottebe-
schleunigung **Kalkstickstoff** in die Miete. Dieser Dünger
setzt beim chemischen Abbau Cyanamid frei, ein Giftgas,
das nahezu alle Organismen abtötet, die damit in Kontakt
kommen – auch Schnecken und deren Eier.

**TIPP** Ein völlig schneckenfreier Kompost ist leider eine Illusion, denn wenn die Materialien zu trocken sind (damit es den Schnecken ungemütlich wird), geht auch die Rotte nicht mehr sachgerecht vonstatten.

Aufgrund der radikalen Giftwirkung wird Kalkstickstoff allerdings vielfach abgelehnt, vor allem von biologisch wirtschaftenden Gärtnern. Zudem können die Schnecken, sobald das Gift nach einigen Tagen abgebaut ist, wieder unbehindert zuwandern.

### Fachgerecht ernten

Halbreifer Nährkompost, der unter günstigen Bedingungen nur etwa ein halbes Jahr gerottet ist, stellt für die Schnecken auf dem Beet eine größere Verlockung dar als fertiger Kompost, der ein Jahr oder länger ausreifen konnte. Dieser dient weniger der Nährstoffversorgung als vielmehr zur Verbesserung der Bodenstruktur.

Bei der Komposternte müssen in der Regel gröbere Bestandteile ausgesiebt werden. Dabei sollte man natürlich auch ein Auge auf die Schnecken und ihre Brutstätten haben. Wer ein Nest von weißlich durchscheinenden Eiern findet, kann diese unschädlich machen, indem er sie entweder mit dem Spaten zerquetscht oder mit kochend heißem Wasser überbrüht. Oft genügt es auch, sie vor dem Winter einfach ungeschützt

liegen zu lassen. Der Frost sowie Vögel und andere Tiere erledigen dann den Rest.

Allerdings wird man selbst bei sorgfältigstem Aussieben kaum alle Schneckeneier auffinden. Dagegen kann man sich auf die Begegnung mit zahlreichen ausgewachsenen Tieren vorbereiten, indem man einen Sammelbehälter, eine Schere oder kochendes Wasser bereithält (siehe Seite 47).

Die abgesiebten Materialien schichtet man zusammen mit frischen Pflanzenabfällen zu einer neuen Miete auf. Mit großer Sicherheit werden sich die vorhandenen Schnecken für dieses frische Futtermaterial entscheiden und umziehen. Wer ganz auf Nummer Sicher gehen will, lagert den gebrauchsfertigen Kompost einige Tage nach dem Absieben an einem für Schnecken möglichst unzugänglichen Ort, bevor man ihn im Garten verwendet und auf den Beeten ausbringt. Und selbst dann gilt es, die Augen offen zu halten und eingeschleppte Schnecken abzusammeln.

## TIPP

Es empfiehlt sich, bereits im Spätsommer, also vor der herbstlichen Eiablage, den reifen Kompost von unverrotteten Bestandteilen zu trennen. Nur wenige Schneckenarten sorgen bereits im Sommer für Nachwuchs. Deshalb besteht zu diesem Zeitpunkt nur eine geringe Gefahr, ihre Eier zu verbreiten.

# Käufliche Schneckenpräparate und ihre Wirkung

Heutzutage sind sich die Hobbygärtner weitgehend darüber einig, dass sie für die kleine Fläche, für die sie Verantwortung tragen und von der sie selbst ernten, Giftstoffe nur als letztes Mittel und wenn, dann mit äußerstem Bedacht einsetzen wollen. Denn die Gefahren und Nebenwirkungen für die Mitwelt stehen meist in keinem günstigen Verhältnis zum eventuellen Nutzen.

Nun ist man sich allerdings in etwa ebenso darin einig, dass einen die jährliche Schneckenplage oft ratlos macht und an die Grenzen der Geduld bringen kann. In diesem Zusammenhang dürfte es tröstlich sein zu erfahren, dass »Schneckenmittel« nicht gleich »Schneckenmittel« ist.

Der Totenkopf signalisiert die Gefahrenklasse »giftig« (T) bis »sehr giftig« (T+), das Kreuzzeichen bedeutet »mindergiftig« (Xn) oder einfach »reizend« (Xi)

# Herkömmliches Schneckenkorn

Vor vielen Jahren wurde gegen Schnecken Kupfersulfat ($CuSO_4$) eingesetzt, das man in der Apotheke erwerben konnte, und in manchen Ländern wird auch heute noch Aluminiumsulfat verwendet. Im modernen Gartencenter griff der Gärtner bis vor wenigen Jahren zum »Schneckenkorn«. Dies galt zwar als »harte Bandage«, doch wenigstens als hilfreich und zuverlässig. Schon damals gab es das Granulat mit zweierlei Wirkstoffen: Metaldehyd und Methiocarb.

Beide Chemikalien werden mit Kleie als Lockmittel angemischt, und beide dürfen auf derselben Fläche nur zweimal pro Jahr ausgebracht werden. In ihrer Wirkung jedoch gibt es zwischen den beiden deutliche Unterschiede.

**TIPP** Es empfiehlt sich grundsätzlich, den Begleittext auf Verkaufspackungen genau zu studieren, denn im Produktnamen wird der Wirkstoff meist nicht erwähnt. Auch die Dosierungsvorschriften sind penibel einzuhalten

**Methiocarb** (geläufiger Handelsname *Mesurol*) weist wie die meisten sogenannten Carbamate ein breites insektizides Wirkungsspektrum auf. Bei diesem Wirkstoff liegt die Mortalitätsrate der Schnecken bei durchschnittlich 50 Prozent.

TIPP Egal für welchen Wirkstoff Sie sich entscheiden, Haustiere und nicht zuletzt spielende Kinder sind immer gefährdet sollten sie damit in Berührung kommen – vor allem bei Ausbringung in Häufchen.

Es ist fischgiftig und darf nur mit einem Mindestabstand von 10 m zum nächsten Gewässer angewandt werden. Bis zur Ernte von den so behandelten Beeten ist eine gesetzliche Wartezeit von 14 Tagen einzuhalten.

In Form des Schneckenkorns wird das Mittel kaum von anderen Organismen aufgenommen. Trotzdem wurde mehrfach übereinstimmend festgestellt, dass Methiocarb die Populationen sowohl der nützlichen Laufkäfer als auch der Regenwürmer stark schädigt, Metaldehyd dagegen kaum. Auch Sorgen um den Igel sind berechtigt: Wenn er eine größere Zahl von Schnecken vertilgt, die mit Methiocarb vergiftet wurden, so kann er selbst Schaden davontragen.

**Metaldehyd** ist das weniger giftige Präparat. Leider lässt aber auch dessen Wirkung gegen unsere heimischen *Arion*-Arten zu wünschen übrig, vor allem bei feuchter Witterung und niedrigen Temperaturen.

Besonders unbefriedigend wirkt herkömmliches Schneckenkorn bei der eingewanderten Spanischen Wegschnecke, die mittlerweile in vielen Gärten die Vorherrschaft hat. Weil sie

besonders viel Sekret produziert, bedeutet das vom Wirkstoff verursachte Ausschleimen offensichtlich lediglich eine Schwächung, die in der Minderzahl der Fälle tödlich wirkt.

### Schneckengift aus dem Kaffee

Aus verschiedenen Versuchen weiß man, dass der Kontakt mit einer etwa einprozentigen Koffeinlösung bei Schnecken früher oder später zum Tod führt. Allerdings ist eine solche Konzentration auch für den Menschen nicht ganz ungefährlich: Koffein ist ein hoch wirksames Gift! In der Folge einer solchen Behandlung treten sogar bei einigen mitbetroffenen Pflanzenarten gelbe Verfärbungen der Blätter auf. Bei dieser Gelegenheit wurde übrigens festgestellt, dass sich Filterkaffee besser zur Schneckenbekämpfung eignet als löslicher, weil er mehr Koffein enthält.

### Wenn Gifteinsatz, dann fachgerecht

In der Landwirtschaft streut man die Schneckenkorn-Pellets breit aus. So sind sie für die Schnecken leicht aufzufinden. Auch hier gilt: Je kleiner die Körnchen, desto effektiver ihre Wirkung, denn die Schnecken knabbern sowieso nur ein wenig daran. Allerdings wird bei Breitstreuung auch das ganze Beet gleichmäßig mit dem Gift verseucht.

Für den Garten wäre zu bevorzugen, die Körnchen in überdachten Kunststoffunterlagen bzw. Bechern auszulegen, wie

# TIPP

Es empfiehlt sich, am Morgen nach dem Auslegen von Schneckenkorn die Tiere abzusammeln, die sich geschwächt in Richtung ihrer Schlupfwinkel schleppen, um dort unter Umständen wieder zu Kräften zu kommen.

sie im Fachhandel zu kaufen sind – nicht nur aus Gründen des Umweltschutzes, sondern auch wegen der besseren Wirkung. Freilich erhöht diese Darreichung auch die Vergiftungsgefahr, weil Kleinkinder oder Haustiere mühelos eine größere Menge aufnehmen könnten!

Der optimale Zeitpunkt für die Ausbringung ist der Abend vor einer feuchtwarmen Nacht mit einem anschließenden trocken-heißen Tag. Bei diesen Verhältnissen werden die Schnecken nachts aus ihren Verstecken gelockt. Und am darauffolgenden trockenen Tag wären sie geschwächt und können dann die vom Präparat verursachten Feuchtigkeitsverluste nicht durch die Umgebungsfeuchtigkeit ausgleichen.

Zusammenfassend soll noch einmal betont werden, dass aufgrund aller oben genannter Punkte und aufgrund der beschränkten Wirksamkeit bei gleichzeitiger Umweltschädigung der Einsatz dieser überholten Spielarten von Schneckenkorn nicht empfohlen werden kann. Zur neueren, alternativen und empfehlenswerteren Spielart kommen wir später.

# Einsatz nützlicher Fadenwürmer

Bei verschiedenen Schädlingsproblemen hat sich bereits der Einsatz käuflicher Nützlinge bewährt. Einigen Erfolg versprach man sich nun auch gegen die Schnecken von der Züchtung winziger, mit bloßem Auge kaum sichtbarer Fadenwürmer (Nematoden) namens *Phasmarhabditis hermaphrodita*.

Diese Parasiten weisen einige Gemeinsamkeiten mit den Nematodenarten *Steinernema* und *Heterorhabditis* auf, welche bereits zur biologischen Bekämpfung von Dickmaulrüsslern bzw. Trauermücken eingeführt sind. Ihre Dauerlarven leben natürlicherweise im Boden. Sie befallen die Schnecken durch die Atemlöcher an der Mantelseite und lassen dort Bakterien frei, die sich rasch vermehren.

Diese Bakterien und deren Stoffwechselprodukte dienen den Fadenwürmern als Nahrung, und ihre Tätigkeit führt wiederum zur Erkrankung der Schnecken. Nach wenigen Tagen können die Schnecken keine Nahrung mehr zu sich nehmen und sterben dann innerhalb von zwei Wochen.

**Anwendung und Wirksamkeit**

Das Präparat (»Nemaslug«) wird auf dem deutschen Markt überwiegend per Internetversand angeboten. Man verrührt den Inhalt einer Packung gut mit Wasser und begießt mit dieser Mischung die Beetoberfläche, am besten bei trüber Witterung und Bodentemperaturen zwischen 5 und 20 °C.

Herkömmliches Schneckenkorn bewirkt ein Ausschleimen, das nicht immer tötet. Daher empfiehlt sich nachträgliches Absammeln.

Um einen Bereich ausreichend zu schützen, muss das feuchte Beet einige Tage vor der Bestellung gegossen werden und die behandelte Fläche sollte an allen Seiten mindestens 1,5 m über die Beetfläche hinausreichen. Dabei dürfen die Düsen nicht zu fein sein. Das Ziel muss sein, durch Zufuhr von etwa 500 000 Parasiten pro Quadratmeter die Schneckenplage unter Kontrolle zu bekommen.

Fadenwürmer treten sowohl ober- als auch unterirdisch in Aktion. Am besten lassen sich so die kleinen, unterirdisch lebenden Schneckenarten bekämpfen, die schwierig abzusammeln sind; auf sehr schweren Böden ist der Tötungseffekt vermindert. Die Wirkdauer beträgt etwa sechs Wochen. Von der Anwendung auf Kompostmieten ist abzuraten.

Vom Hersteller wird eingeräumt, dass das Präparat im Wesentlichen auf die Schneckengattung *Deroceras* abzielt, die in Großbritannien vorherrscht. Für die wesentlich größeren *Arion*-Arten, die in Mitteleuropa den meisten Schaden verursachen, wäre in etwa die doppelte Dosierung erforderlich.

Die Spanische Wegschnecke scheint gegen diese Art der Bekämpfung besonders widerstandsfähig zu sein. Unter unseren Verhältnissen kann daher die Wirkung in vielen Fällen nicht befriedigen, insbesondere wenn man den hohen Preis betrachtet, er schwankt je nach Anbieter zwischen etwa 20,– € für 40 m$^2$ und 40,– € für 20 m$^2$.

## Ein neues Schneckenkorn weckt Hoffnung

Seit 1999 ist ein neues Schneckenkorn im Handel, das bei der Bekämpfung gute Erfolge zeigt und das Gewissen des umweltbewussten Gärtners weniger belastet: **Ferramol** heißt das Präparat der Firma Neudorff. Leider steht auf der Packung auch noch groß »Schneckenkorn«. Der Grund dürfte sein, dass immer noch viele Hobbygärtner gedankenlos zu einem Mittel mit dem bewährten Namen greifen. Doch dadurch wird natürlich mehr Verwirrung als Klarheit gestiftet.

Ferramol unterliegt weder einer Wartezeit noch einem Gefahrensymbol und kann auch in der Nähe von Gewässern angewandt werden. Sein Wirkstoff Eisen-III-Phosphat wird im

Boden ohne schädliche Rückstände zu Eisen und Phosphat abgebaut. Nützliche Organismen wie Igel, Regenwürmer oder Insekten sind nicht gefährdet.

**Besonders wirkungsvoll bei Nässe**
Nach Aufnahme der Körner beenden die Schnecken rasch die Fraßtätigkeit und ziehen sich in ihre Verstecke zurück, um dort zu verenden. Dabei schleimen die Tiere nicht wie beim üblichen Schneckenkorn aus. Diese Wirkung ist unabhängig von der jeweiligen Schneckenart und wird auch nicht durch feuchte Witterung beeinträchtigt. Die Pellets zerfallen nicht, sondern quellen bei Feuchtigkeit auf, werden dadurch als Köder besonders attraktiv und noch besser aufgenommen. Das Ferramol-Schneckenkorn kann von Hand ausgebracht werden. Für die Anwendung gegen Wegschnecken ist ein gehäufter Teelöffel (ca. 5 g) pro Quadratmeter erforderlich.

Dass Ferramol nicht ganz so tödlich giftig wirkt wie die herkömmlichen Präparate erweist sich letztlich also nicht als Nachteil, sondern als Vorteil: Das Mittel ist im biologischen Anbau zugelassen und auch im Garten zu bevorzugen.

TIPP Bei hohem Befallsdruck sowie gegen die besonders widerstandsfähigen Spanischen Wegschnecken sollte man mehrfach nachstreuen. Zugelassen sind vier Anwendungen pro Fläche und Jahr.

# Anhang

## Schneckenresistente Zierpflanzen

### Einjährige Sommerblumen

| | |
|---|---|
| Löwenmaul | *Antirrhinum majus* |
| Ringelblume | *Calendula officinalis* |
| Kornblume | *Centaurea* |
| Schmuckkörbchen | *Cosmea* |
| Kalifornischer Mohn | *Eschscholzia californica* |
| Fleißiges Lieschen, Balsamine | *Impatiens* |
| Bechermalve | *Lavatera* |
| Levkoje | *Matthiola* |
| Jungfer im Grünen | *Nigella* |
| Lampionblume | *Physalis* |
| Resede | *Reseda* |
| Kapuzinerkresse | *Tropaeolum* |
| Geranie | *Pelargonium* |

### Zweijährige Sommerblumen

| | |
|---|---|
| Stockmalve | *Alcea, Althaea* |
| Goldlack | *Cheiranthus cheiri* |
| Bartnelke | *Dianthus barbatus* |
| Fingerhut | *Digitalis* |
| Nachtviole | *Hesperis* |
| Mondviole | *Lunaria* |
| Vergissmeinnicht | *Myosotis* |
| Königskerze | *Verbascum* |
| Stiefmütterchen | *Viola* |

## Prachtstauden

| | |
|---|---|
| Goldgarbe | *Achillea* |
| Eisenhut | *Aconitum* |
| Anemone | *Anemone* |
| Hohe Herbstaster | *Aster* |
| Gartenchrysantheme | *Chrysanthemum* |
| Mädchenauge | *Coreopsis* |
| Margerite | *Dendranthema* |
| Tränendes Herz | *Dicentra* |
| Gemswurz | *Doronicum* |
| Taglilie | *Hemerocallis* |
| Schwertlilie | *Iris* |
| Federmohn | *Macleaya* |
| Pfingstrose | *Paeonia* |
| Türkischer Mohn | *Papaver* |
| Phlox | *Phlox* |
| Gelenkblume | *Physostegia* |
| Sonnenhut | *Rudbeckia* |

## Schattenstauden

| | |
|---|---|
| alle Farne | |
| Geißbart | *Aruncus* |
| Prachtspiere | *Astilbe* |
| Bergenie | *Bergenia* |
| Maiglöckchen | *Convallaria* |
| Waldmeister | *Galium* |
| Leberblümchen | *Hepatica* |
| Purpurglöckchen | *Heuchera* |
| Salomonssiegel | *Polygonatum* |
| Lungenkraut | *Pulmonaria* |
| Wiesenraute | *Thalictrum* |
| Waldsteinie | *Waldsteinia* |

## Wildstauden

| | |
|---|---|
| alle Gräser | |
| Duftnessel | *Agastache mexicana* |
| Günsel | *Ajuga* |
| Frauenmantel | *Alchemilla* |
| Akelei | *Aquilegia* |
| Glockenblume | *Campanula* |
| Nelken | *Dianthus* |
| Indische Scheinerdbeere | *Duchesnea* |
| Natternkopf | *Echium* |
| Weidenröschen | *Epilobium* |
| Mannstreu | *Eryngium* |
| Mädesüß | *Filipendula* |
| Storchschnabel | *Geranium* |
| Nelkenwurz | *Geum* |
| Gundermann | *Glechoma* |
| Lichtnelke | *Lychnis* |
| Felberich | *Lysimachia* |
| Blutweiderich | *Lythrium* |
| Malve | *Malva* |
| Bingelkraut | *Mercurialis* |
| Nachtkerze | *Oenothera* |
| Gedenkemein | *Omphalodes* |
| Primel, Schlüsselblume | *Primula* |
| Braunelle | *Prunella* |
| Seifenkraut | *Saponaria* |
| Leimkraut | *Silene* |
| Binsenlilie | *Sisyrinchium* |
| Goldrute | *Solidago* |
| Rainfarn | *Tanacetum* |
| Gamander | *Teucrium* |
| Ehrenpreis | *Veronica* |
| Veilchen | *Viola* |

## Stauden für Stein- und Trockenstandorte

| | |
|---|---|
| Steinkraut | *Alyssum* |
| Blaukissen | *Aubrieta* |
| Kugeldistel | *Echinops* |
| Enzian | *Gentiana* |
| Sonnenröschen | *Helianthemum* |
| Habichtskraut | *Hieracium* |
| Schleifenblume | *Iberis* |
| Küchenschelle | *Pulsatilla* |
| Fetthenne | *Sedum* |
| Hauswurz | *Sempervivum* |
| Ziest | *Stachys* |
| Palmlilie | *Yucca* |

## Kletternde und bodendeckende Gehölze

| | |
|---|---|
| Felsenmispel | *Cotoneaster* |
| Erika | *Erica* |
| Spindelstrauch | *Euonymus* |
| Efeu | *Hedera* |
| Johanniskraut | *Hypericum* |
| Immergrün | *Vinca minor* |

## Ziersträucher

| | |
|---|---|
| Seidelbast | *Daphne* |
| Hortensie | *Hydrangea* |
| Rhododendron | |
| Rosen | *Rosa* |

Es empfiehlt sich für jeden Gärtner, abgesehen von solchen Listen selbst zu beobachten, welche Pflanzen den auf seinem Grundstück aktiven Schneckenarten am besten trotzen können oder gar eine abschreckende Wirkung zeigen.

# Bezugsquellen und Adressen

## Schneckenabwehr und -bekämpfung

### Verschiedenes

Neudorff
Postfach 1209
31857 Emmerthal
www.neudorff.de

Bioplant Naturverfahren
Postfach 5532
78434 Konstanz
www.bioplant-produkte.de

Bio-Keller
Konradstr. 17
79100 Freiburg
www.biokeller-freiburg.de
*(u. a. Lebermoose)*

Stoeckler Bio-Agrar
Neuhofstr. 5
CH-8630 Rüti
www.stoeckler.ch

Sautter & Stepper
Rosenstr. 19
72119 Ammerbuch
www.nuetzlinge.de *(Nützlingspräparat)*

Snoek GmbH
Tannenweg 153 – Mulmshorn
27356 Rotenburg/W.
www.snoek-naturprodukte.de
*(Schneckengranulat)*

www.schneckenprofi.de
*(Lebermoosextrakt)*
www.niem-handel.de *(Presskuchen Niem)*

Zimmerli Mineralwerk
Hohlstr. 500
CH-8048 Zürich
*(Mulchmaterial Cartalit, in Deutschland über Gartengenossenschaften)*

Eike Braunroth
Nikolaus-Molitor-Str. 37
97702 Münnerstadt
www.naturkooperation.org
*(Seminare »Kooperation des Menschen mit der Natur«)*

### Schneckenzaun

Versch. Gartencenter und Drogeriemärkte
*(Zinkblech)*

Dipl.-Ing. Nicola Krämer
Gustav-Adolf-Straße 11
30167 Hannover
www.schneckenzaun.com

Hans-Jürgen Dippel
Schorenstraße 5a
78337 Öhningen
www.schneckenfrust.de

Irka Schneckenzaun, Rita Moser
Höhstigl 4
86508 Rehling
www.irka-schneckenzaun.de

Gartenbedarf Baumgartner
Heimpersdorfer Weg 3
86672 Neukirchen
www.gartenbedarf-baumgartner.de

Fa. G. Beckmann
Simoniusstr. 10
88239 Wangen
www.beckmann-kg.de *(Drahtgewebe)*

Ing. Thomas Pfau
Juchstr. 27
CH-5436 Würenlos
www.schneckenzaun.ch

## Literatur & Infos

www.schneckeninfo.de

Prof. Dr. Gerhard Haszprunar
Zoologische Staatssammlung München
Münchhausenstr. 21
81247 München
www.weichtiere.at

# Stichwortverzeichnis

**Bildnachweis:** Florapress: S. 58, 78, 84, 96; Fotolia/Ivan Kmit: S. 1, Fotolia/Peter Kirschner: S. 6, Fotolia/openlens: S. 8, Fotolia/abcMedia: S. 10, Fotolia/Gina Sanders: S. 110; Frank Hecker: S. 27 oben, 28, 41; Kretschmer: S. 34; Limbrunner: S. 19, 22; Pletschinger: S. 16; Redeleit: S. 2/3, 45; Reinhard: S. 27 unten, 62, 65; Robert Sulzberger: S. 31, 37, 50, 53, 69, 75, 80, 82, 87, 91, 95, 102, 117; Sulzberger/Kopp: S. 100; Bildagentur Waldhäusl: S. 42.

# Über den Autor

Robert Sulzberger, Gartenbau-Ingenieur, arbeitete nach dem Studium einige Jahre im Lektorat eines Buchverlags und bei der Zeitschrift kraut & rüben, bevor er sich als Autor und Redakteur für Gartenthemen selbständig machte. Seither ist er langjähriger Autor zahlreicher Fachbeiträge und Gartenbücher und erfolgreicher Praktiker im eigenen Garten. Seit 2006 organisiert und veranstaltet er zudem die beliebten »Gartentage Lindau«, einen erfolgreichen Gartenmarkt am Bodensee.

## Impressum

**Bibliografische Information der Deutschen Nationalbibliothek**

Die Deutsche Nationalbibliothek verzeichnet diese Publikation in der Deutschen Nationalbibliografie; detaillierte bibliografische Daten sind im Internet über http://dnb.d-nb.de abrufbar.

Völlig überarbeitete Neuausgabe des Titels »111 Tipps gegen Schnecken«

BLV Buchverlag
GmbH & Co. KG

80797 München

© 2012 BLV Buchverlag GmbH & Co. KG, München

Umschlagkonzeption: Kochan & Partner, München
Umschlagfotos:
Vorderseite: GAP Photos/Dave Bevan
Rückseite: Frank Hecker

Programmleitung Garten: Dr. Thomas Hagen
Lektorat: Redaktionsbüro Wolfgang Funke, Augsburg
Herstellung: Ruth Bost
DTP: Satz+Layout Fruth GmbH, München

Gedruckt auf chlorfrei gebleichtem Papier

Printed in Germany
ISBN 978-3-8354-0931-6

**Hinweis**
Das vorliegende Buch wurde sorgfältig erarbeitet. Dennoch erfolgen alle Angaben ohne Gewähr. Weder Autor noch Verlag können für eventuelle Nachteile oder Schäden, die aus den im Buch vorgestellten Informationen resultieren, eine Haftung übernehmen.

# Pflanzen optimal ernähren

Robert Sulzberger
**Kompost, Erde, Düngung**
Das Praxisbuch für einen gesunden Gartenboden · Richtig kompostieren in verschiedenen Varianten · Richtig düngen: organisch, mit Düngejauche, mit biologischen und konventionellen Methoden · Düngepraxis im Nutz- und Ziergarten.
ISBN 978-3-8354-0908-8